LES MESSAGERS DE LA COURONNE

Publié avec le soutien de la Région Auvergne-Rhônes-Alpes

La Région
Auvergne-Rhône-Alpes

Première édition 1958, Faber and Faber Limited

Photos de couverture : © *Royal Geographical Society*. Tenzing Norgay, Edmund Hillary, Everest 1953 / John Hunt, Tenzing Norgay, Edmund Hillary à Londres.

EAN : : 978-236545-119-2
Dépôt légal : septembre 2021
—
leseditionsdumontblanc.com

JAN MORRIS

RÉCIT

LES MESSAGERS DE LA COURONNE

De l'Everest à Buckingham Palace

Traduction de l'anglais
par Daniel Léon

ÉDITIONS DU MONT-BLANC
Catherine Destivelle

À HENRY MORRIS

et à ceux qui sont montés là-haut

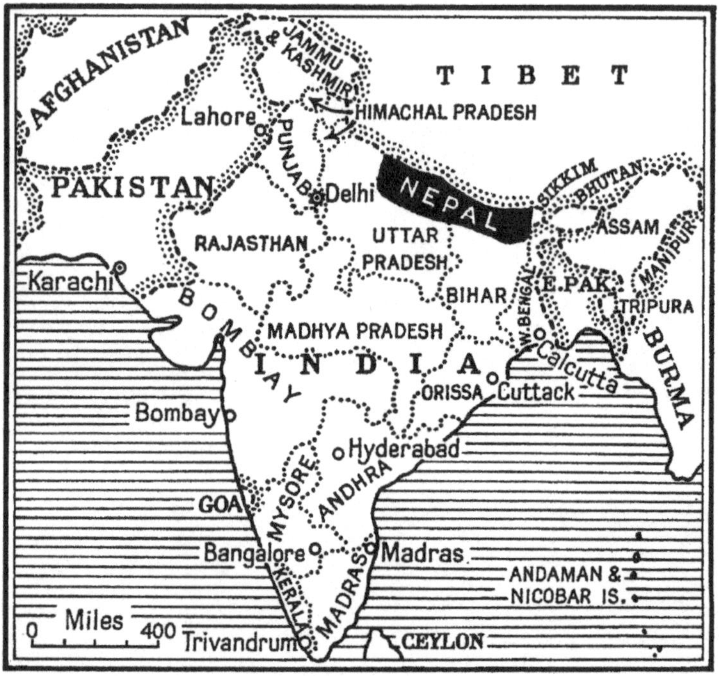

Situation du Népal

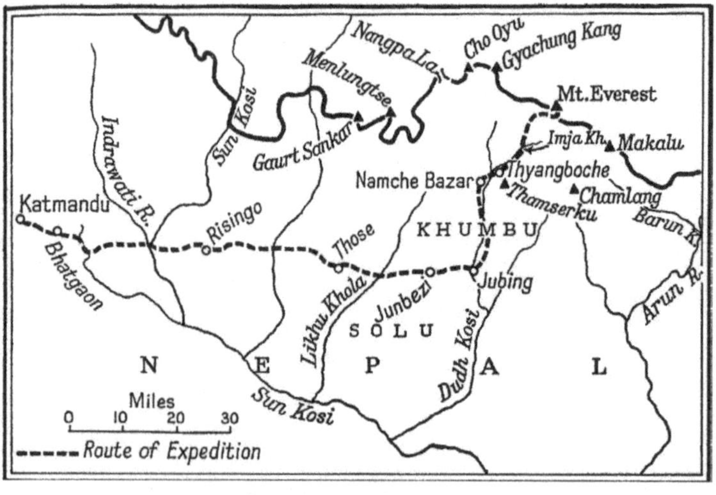

Route vers l'Everest

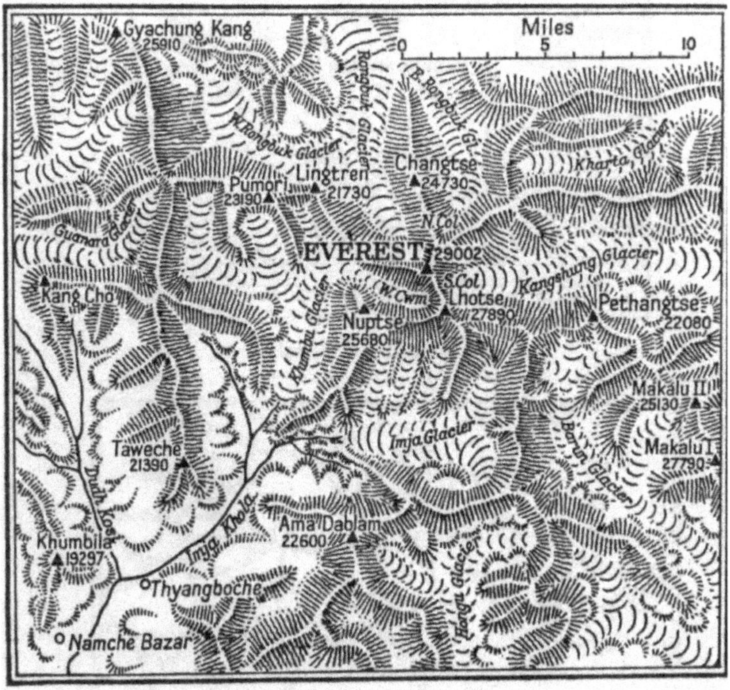

Les environs de l'Everest

1.
INTRODUCTION

Ce petit livre est un travail empreint de romantisme historique. Il relate deux événements survenus quasi simultanément – le couronnement d'une jeune reine et la première ascension d'une montagne – qui ont profondément marqué la nation britannique il y a plus de soixante ans. La reine était Élisabeth II d'Angleterre. La montagne était l'Everest, la plus haute de toutes, finalement gravie par une expédition britannique après des décennies de vaines tentatives.

De nos jours, il est difficile de mesurer le plaisir quasi mystique avec lequel les Britanniques saluèrent la coïncidence des deux événements. Sortant enfin de l'austérité qui les tourmentait depuis la Seconde Guerre mondiale, en outre confrontés à la perte de leur grand empire et au déclin inévitable de leur puissance dans le monde, ils s'étaient plus ou moins convaincus que l'avènement de la jeune souveraine marquait un nouveau départ, celui d'une ère élisabéthaine pour reprendre les termes des journaux. Ce jour du couronnement, le 2 juin 1953, s'inscrivit en symbole d'espoir et de joie, dans lequel toutes les formes de loyauté et de patriotisme britannique puisèrent le plus fort de leur expression ; et, merveille des merveilles, en ce jour béni, la nouvelle en provenance de contrées reculées – depuis les frontières de l'ancien empire, en fait – annonça qu'une équipe d'alpinistes britanniques, dirigée par un officier britannique, le colonel John Hunt, venait de réaliser le dernier objectif suprême en termes d'exploration et d'aventure sur Terre, fouler le toit du monde.

Les choses étaient alors différentes. D'une part l'exploration de l'espace restait à venir, et l'ascension de l'Everest, ensuite accomplie par des centaines d'alpinistes de toutes nationalités, suffisait pour attiser les passions. Et d'autre part, la monarchie britannique vivait un apogée de sa popularité. Cette période fit naître de nombreuses et riches émotions chez les Britanniques : fierté, patriotisme, nostalgie à l'égard du passé perdu de la guerre et des hauts faits de bravoure, espoir d'un avenir revivifié, satisfaction que l'Everest, qui a toujours été essentiellement dans la sphère d'influence britannique (comme auraient dit les vieux impérialistes), soit gravi, comme il se devait, par les Britanniques. Les gens d'un certain âge se souviennent parfaitement de ce jour et du moment où, alors qu'ils attendaient un matin bruineux de juin le passage de la procession du couronnement dans Londres, ils entendirent la nouvelle magique qui les informait que le toit du monde était, si on peut dire, à eux. Ils applaudirent et chantèrent, quand dans la foule qui patientait la nouvelle se répandit avant d'aller faire le tour du monde.

Très étrangement, car j'ai toujours été républicain, je fus le correspondant du journal à l'origine de cette heureuse coïncidence, et *Les Messagers de la Couronne* explique le déroulement des faits. Écrit dans les années 1950, ce livre doit être lu avec beaucoup d'indulgence d'un point de vue historique car tout a changé depuis cette époque. J'ai moi-même évolué – je vivais et travaillais alors sous le nom de James Morris – tout comme la nation britannique. Bien peu d'événements aujourd'hui, et certainement pas d'ordre royal, pourraient rassembler toute la nation dans la même unité ; et je suppose que peu d'exploits liés à l'aventure seraient accueillis avec un plaisir aussi simple. C'était comme une famille faisant la fête, dont les célébrations étaient contagieuses au point d'être partagées par d'autres personnes partout dans le monde. Une demi-vie plus tard, partout où je vais, quand une personne aborde le sujet de ma relation avec l'Everest et le couronnement, c'est presque toujours avec de la nostalgie dans la voix, comme un souvenir de temps très simples.

Bien entendu, cela ne m'avait pas semblé si simple en 1953, du moins pour ce qui me concerne, car transmettre des informations depuis l'Everest était techniquement complexe, et un défi crucial pour un jeune reporter comme moi. Depuis plus de trois décennies, les expéditions se succédaient à l'Everest, qui se dresse à la frontière népalo-tibétaine. Venue par le Tibet, la première expédition de reconnaissance atteignit l'Everest en 1921 ; elle fut suivie de cinq tentatives britanniques importantes durant l'entre-deux-guerres. Après la Seconde Guerre mondiale, des expéditions suisses et britanniques approchèrent la montagne par le versant sud, depuis le Népal. Il faut également citer deux tentatives intrépides et un peu folles en solitaire, dont la première s'acheva tragiquement, et, dans les premières années de l'aviation à haute altitude, une expédition conclue par le survol du sommet[1].

1 N.D.T. En 1934, Maurice Wilson, après un vol rocambolesque depuis l'Angleterre, s'attaque à la montagne mais il meurt seul sur ses flancs. Treize ans plus tard, en 1947, Earl Denman entre illégalement au Tibet, échoue dans sa tentative et, mal équipé, parvient à gagner Darjeeling en Inde dans des conditions dantesques. Avant cela, le 3 avril 1933, deux avions britanniques avaient survolé pour la première fois l'Everest.

L'Everest n'avait alors jamais vraiment fait la une, d'autant que nous étions en 1953. Autrefois, un assaut sur le plus haut sommet du monde relevait davantage de l'aventure réservée aux *gentlemen*, non ternie par une ambition nationaliste « bon marché » et préservée des excès de la publicité. Une expédition à l'Everest se composait de sportifs anglais qui, assistés de personnel indigène, essayaient de gravir une colline d'une difficulté impossible en un lieu si reculé que cela paraissait ridicule, risquant tranquillement leur vie en agissant ainsi. Leurs efforts n'enflammaient pas le monde, leurs tentatives ne généraient aucune passion. Et cela n'intéressait pas beaucoup le grand public.

Il se dégage un parfum de mystère bien britannique de ces premières expéditions. L'abominable homme des neiges n'est pas apparu pour la première fois comme une simple créature loufoque, ou pour servir la curiosité des scientifiques, mais plutôt comme un étrange maître des lieux arpentant tranquillement et même un peu maladroitement son territoire isolé. Bon nombre de grimpeurs étaient connus pour leur caractère bien trempé, leur formidable indépendance, et pour être hauts en couleur. L'image de l'Everest n'était pas encore faussée ni dévaluée, et ceux qui tentaient de le gravir formaient un club exclusif d'aventuriers. Le journal londonien le plus indiqué pour s'intéresser à cette entreprise était forcément le *Times*, organe de presse empreint de cette fierté, mais aussi d'une certaine excentricité, qui convenait à l'*establishment*.

Pour assurer ses arrières, le *Times* s'était octroyé les droits des dépêches de presque toutes les expéditions organisées avant la Seconde Guerre mondiale, s'imposant de fait en premier média d'information sur la montagne à une époque où la plupart de ses pairs s'y intéressaient peu. Le leader de chaque expédition s'engageait, parmi ses obligations, à « écrire les dépêches pour le *Times* ». L'ambiance de ce genre de journalisme différait de l'animation habituelle d'une salle de rédaction. De temps à autre, l'alpiniste rassemblait ses notes collectées, fermait le rabat de sa tente pour se protéger du vent et s'installait pour décrire le déroulement d'une tentative, comme il l'aurait fait en regrettant la pollution d'un ruisseau à truites ou en proposant de contribuer à une campagne de récolte de fonds pour une œuvre caritative. L'élégance et l'entrain caractérisaient les écrits de bon nombre de ces grimpeurs, loin des clichés de la presse nationale et des positions partisanes, tout comme la retenue quand venaient sonner les trompettes.

En 1953, alors que les préparatifs de l'expédition de John Hunt s'achevaient en Angleterre, un changement apparaissait dans le domaine de l'information venue des montagnes. Les gens n'allaient plus seulement en Himalaya pour le plaisir, car le sport s'inscrivait désormais en vecteur essentiel de la ferveur nationaliste. Les Français avaient gravi l'Annapurna dans une exaltation d'orgueil national. Les Suisses avaient mené deux expéditions à l'Everest, manquant de peu son ascension. On commençait à qualifier l'Everest de « montagne britannique » comme on appelait le Nanga Parbat « la montagne allemande ». En outre, n'était-ce pas l'année du couronnement, le début d'une nouvelle ère, la renaissance de la Grande-Bretagne ? Cette fois, les nouvelles en provenance de l'Everest allaient vraiment être « chaudes »…

Une fois encore, le *Times*, au sein duquel j'avais intégré l'équipe éditoriale, détenait les droits des informations de l'expédition. Mais il devenait clair que l'on ne pouvait plus seulement s'appuyer sur le « journalisme » d'alpinistes s'exerçant dans des circonstances n'intéressant guère qu'un média.

Cette fois, la concurrence serait forte pour l'événement, attisée par un sentiment nationaliste et une vraie fierté patriotique, et même entretenue par les deux guerres froides alors en cours, entre le capitalisme et le communisme, entre l'Est et l'Ouest. Il devint évident pour chacun que l'équipe de l'Everest devrait (oubliant une révulsion naturelle) inclure parmi ses membres un journaliste professionnel, uniquement là pour assurer la bonne transmission de l'information en Angleterre. L'idée n'enthousiasma personne, d'autant que l'expédition était déjà au complet ; mais Hunt, le plus aimable des dirigeants, digéra le fait que je n'avais jamais mis le pied sur une grande montagne, et il parvint même à esquisser un vague sourire lors d'un déjeuner au Garrick Club quand il m'invita à rejoindre son groupe en tant qu'envoyé spécial du *Times*.

Les Messagers de la Couronne est la relation de ma mission. J'ai écrit le livre peu après l'événement, dans la joie de ses répercussions, merci donc de l'aborder avec indulgence. Son enthousiasme et une bonne part de son état d'esprit sont ceux d'un autre temps.

2.
THÉORIE

Le principal problème n'était pas de trouver des informations fiables mais de les acheminer jusqu'à Londres. L'Everest était l'un des grands sommets les moins accessibles, en partie parce que des barrières naturelles difficiles se dressaient sur nombre des itinéraires qui y menaient, et surtout du fait d'une situation politique particulière. Il se trouvait précisément sur une frontière entre deux pays restés longtemps fermés. Au nord, le Tibet s'enfermait dans le bouddhisme mystique et la méfiance à l'égard du communisme, et en 1953 il restait plus que jamais interdit aux Occidentaux ; au sud, le Népal, un royaume féodal, s'ouvrait doucement comme un bourgeon au soleil en autorisant l'entrée d'idées et de valeurs étrangères. Précisément sur la ligne qui sépare ces deux États énigmatiques se trouvait l'Everest, et la frontière (selon les cartes) passait très précisément au sommet, à plus de 8 800 mètres au-dessus du niveau de la mer.

Depuis la Seconde Guerre mondiale, la route vers l'Everest passait obligatoirement par le Népal dans le cadre d'exigences gouvernementales, à la satisfaction des très nombreux travailleurs pauvres employés comme porteurs. On pouvait aisément gagner Katmandou en avion depuis l'Inde (n'importe quelle agence de voyages réserverait un billet), et dans cette ville étrange on engageait des porteurs et on achetait la plupart des produits de première nécessité pour la vie en montagne. Il y avait des ambassades britannique et indienne, une représentation américaine pour envoyer des messages en Inde par radio et transmettre vers l'Europe. Toutefois, après avoir quitté Katmandou, on laissait derrière soi presque tous les avantages de la civilisation. Aucune route ne conduisait à l'Everest. En dehors de la vallée de Katmandou on ne voyait aucun véhicule motorisé au Népal, et seul un réseau de mauvaises pistes traversait l'arrière-pays vallonné, reliant la capitale dorée au Tibet, au Sikkim et au nord du pays.

Pour se rendre en tout lieu à l'intérieur du Népal il fallait marcher, car même les chevaux étaient rares, et de nombreux sentiers étaient trop étroits, vertigineux et exposés pour progresser aisément à cheval. Des porteurs attentionnés portaient les sacs pour nous, qui, bourrés de cachets, devions marcher péniblement dans les collines, éblouis par les fleurs alpines, réveillés par les lointains pics enneigés, l'esprit un peu brouillé par l'alcool local, en se prenant pour d'anciens mandarins extrêmement influents voyageant sur les hauts plateaux chinois en vue d'une rencontre avec Marco Polo.

En usant de tels moyens lourds, le voyage de Katmandou à l'Everest demandait dix jours, voire plus. La piste traversait le pays au plus court comme diraient les géographes, comme si elle avait choisi d'en couper les contours plutôt que les suivre. Elle descendait parfois dans des gorges impénétrables ; ou bien franchissait de hautes chaînes de montagnes ; et même s'il s'agissait d'un voyage plaisant, agrémenté de toutes sortes d'intérêts inhabituels, ce n'était pas le genre d'itinéraire que l'on songerait à emprunter souvent à la hâte...

Il faisait office de parcours de ravitaillement pour l'expédition, et les membres de l'expédition l'empruntaient pour atteindre la montagne. Pour ce qui me concerne plus directement, tout ce pays accidenté et primitif, sauvage et sans voie carrossable, se situait entre la montagne et le plus proche bureau de transmission. Un correspondant étranger n'est jamais satisfait s'il est loin d'un téléphone ou d'un relais câblé, et il était démoralisant d'envisager ces trois cent vingt kilomètres dans ce pays sans la bénédiction du moindre bureau de poste.

Ma première préoccupation fut de trouver comment jeter un pont, car les informations ne devaient pas seulement voyager en sécurité, mais également rapidement. La radio s'imposait comme une évidence, mais bien que les autorités népalaises soient à la fois serviables et sympathiques, ils étaient tout naturellement prudents au moment d'autoriser l'emploi de puissants émetteurs radio si près de leurs frontières septentrionales. Ils proposèrent toutes sortes d'alternatives. Certains suggérèrent des pigeons voyageurs, d'autres des feux de balisage. D'autres disaient que les moines bouddhistes de la région de l'Everest avaient un pouvoir télépathique si développé qu'ils étaient prêts à transmettre les nouvelles simplement par la pensée. Un autre scénario proposait de conditionner les dépêches dans des conteneurs étanches que l'on ferait flotter sur une rivière qui va de l'Everest jusqu'en Inde. Où quelque malheureux factotum, suggérait-on, se tiendrait sur la rive, tel un pêcheur désemparé, dans l'attente de l'apparition d'un paquet...

Aucune de ces options n'était réellement satisfaisante, même si les feux de balisage avaient sans doute une authentique allure élisabéthaine. Et finalement, malgré tous les miracles des sciences modernes, il apparut que mes nouvelles devraient être renvoyées à Katmandou par coursier. Au moins, c'était une méthode bien éprouvée. Les expéditions précédentes à l'Everest avaient toujours employé de tels coureurs, et Hunt en utilisait plusieurs pour expédier ses propres messages et convoyer le courrier. Comme les messagers étaient bien payés et traités avec égard, ils faisaient probablement de leur mieux (je suppose) pour que les informations arrivent au bureau de transmission onze ou douze jours après avoir quitté la montagne.

Cette option fut donc retenue. Je devais me rendre à l'Everest dans un groupe d'arrière-garde mené par le major J. O. M. Roberts, chargé de suivre l'expédition proprement dite avec le ravitaillement et l'oxygène. Un autre correspondant du *Times*, Arthur Hutchinson, resterait à Katmandou pour recevoir les dépêches, les analyser et les compléter si nécessaire, enfin de veiller à ce qu'elles partent en toute sécurité depuis le bureau des transmissions. Toutefois, il demeurait possible que d'autres journaux envoient des correspondants au Népal pour intercepter ou s'approprier nos messages, et ainsi diffuser certaines de nos nouvelles. On ignorait seulement jusqu'où ils iraient pour cela. Se cacheraient-ils derrière de gros blocs, armées de gourdins et prêts à bondir sur nos coursiers ? Soudoieraient-ils tout simplement le responsable du bureau des transmissions pour qu'il divulgue ou retarde nos messages ?

Prendre des risques paraissait stupide. Pas seulement parce que d'autres journaux ne pourraient pas se procurer une information aussi facilement que le *Times* ; il fallait davantage craindre qu'ils réussissent à la publier *avant* le *Times* (et les nombreux médias étrangers avec lesquels il était associé), et qu'ils nous privent du scoop de notre propre histoire. Nous avons donc échafaudé quelques solutions alternatives. Depuis l'Everest, une autre mauvaise piste partait vers le sud en franchissant la frontière indienne, à travers la partie du Teraï couverte d'une jungle épouvantable, pour atteindre la petite ville de Jogbani, où se trouvait un bureau de transmissions. On y posterait un agent, et si la route vers Katmandou s'avérait peu sûre, les messagers pourraient donc se diriger au sud. Nous avions même une troisième possibilité. Quand ils étaient sur l'Everest l'année précédente, les Suisses envoyaient leurs messages vers l'Europe par l'intermédiaire d'un père jésuite vivant à Patna, une grande ville indienne dans la province de Bihar, que les coursiers pouvaient atteindre en prenant un train à voie étroite depuis la frontière. Nous décidâmes ainsi d'essayer d'obtenir l'aide de ce prêtre malléable.

Mais supposons que les messagers soient réellement interceptés en chemin, ou qu'il soit facile de corrompre le responsable du bureau des transmissions à Katmandou. Il serait évidemment impossible de coder l'intégralité de longs messages descriptifs, surtout s'ils relataient une phase essentielle du déroulement de la tentative. En revanche, rien ne nous empêchait d'inventer des mots codes à la place de nos vrais noms, de certains événements clés, de lieux sur les flancs de la montagne, des altitudes... Nous avons donc réalisé une carte codée, imprimée sur du carton étanche, avec une confiance touchante sachant qu'il faudrait la sortir constamment des poches de nos vêtements coupe-vent malgré de monstrueuses tempêtes et de violents blizzards. Je n'étais pas chiffreur mais le premier concerné pour entretenir le leurre de ce système simple, en restant impassible ou en adoptant une posture énigmatique face aux événements. Par exemple, les mots de codes pour John Hunt étaient « *Kettle* » (bouilloire) et « *Stringbag* » (filet à provisions). Un autre grimpeur, Wilfrid Noyce, devenait « *Radiator* » (radiateur) ou « *Windowsill* » (rebord de fenêtre). « Trois mille pieds » se transformait en « Gilet – Mots croisés – Amsterdam », et le sublime sommet de la montagne, demeure des mythes et des divinités, était baptisé « *Golliwog* » (poupée noire de chiffon)... Ce code posait des problèmes. Une fois crypté, le message ne voulait plus rien dire, tout en laissant déduire que des éléments significatifs avaient été masqués ; il serait nécessaire d'être particulièrement aimable à l'égard des responsables du câble pour les convaincre de transmettre un tel flot d'inepties.

J'enverrais mes messages à Katmandou dans des sacs en toile cadenassés, ou peut-être dans des enveloppes cousues et renforcées qui servaient au conditionnement des films fragiles de l'expédition. Une fois là-bas, Hutchinson s'assurerait de l'expédition rapide de l'information vers Londres. Cela ressemblait à du journalisme à l'ancienne dans toute sa splendeur, dans la plus pure tradition de l'improvisation ; et après avoir rangé un ruban encreur tout neuf pour ma machine à écrire, et récupéré mon pantalon de velours chez le teinturier, je me suis joyeusement envolé vers l'Inde un beau matin.

3.
PRÉPARATIFS

Une gorge étroite dans les montagnes servait de porte d'entrée au Népal, une passe dangereuse que l'avion devait emprunter depuis l'Inde. Turbulences et trous d'air secouaient l'appareil, et de chaque côté, de hautes parois montagneuses se dressaient au-dessus de nous. Une vraie frontière. Derrière s'étendait l'Inde, une contrée familière et amicale, où l'on pouvait acheter *The Illustrated London News*; face à nous se trouvait le Népal, qui figurait quelques années plus tôt parmi les pays les plus méconnus de la Terre, et toujours entouré en 1953 d'un voile persistant de mystère. Je m'étais occupé de l'essentiel en Inde, me procurant une tente à Delhi, appelant le père jésuite, achetant des ustensiles de cuisine et du papier carbone. Mon aventure débuterait à Katmandou.

Il y a toujours quelque chose de fascinant dans une grande ville perdue au milieu des montagnes, et Katmandou, vue du ciel pour la première fois, étincelante sous la forte lumière du soleil, avec les fiers et hauts sommets de l'Himalaya en toile de fond, offrait un spectacle splendide, exotique et authentique.

La large vallée qui l'entourait était d'un vert éblouissant, parsemée de taches de couleurs vives, jaunes et rouges, marques de cultures de légumes particulièrement improbables. Des contreforts boisés descendaient vers la capitale depuis les hautes montagnes, et une rivière aux eaux bleues cristallines vagabondait dans la plaine en coupant la ville en deux. En opposition à ce cadre merveilleux, se trouvait Katmandou, ensemble de temples, de tours et de palais duquel se dégageait une nette impression de folie. En 1953, aucune route ne parcourait Katmandou, et tous les véhicules motorisés en piteux état qui brinquebalaient dans ses rues avaient été maltraités sur le dos d'innombrables *coolies* ; sur la piste qui traversait les montagnes depuis l'Inde, nul ne s'étonnait de rencontrer un groupe de cent porteurs en loques transportant une énorme Rolls Royce sans ses roues. Il n'y avait aucune ligne de chemin de fer, et le seul moyen de communication terrestre était un téléphérique acheminant de la nourriture en conserve et des carburateurs de rechange à travers les collines depuis Bihar. L'avion arrivait une ou deux fois par semaine mais il fallait croiser les doigts (c'était un vol difficile), et bien des visiteurs franchissaient péniblement la passe à cheval depuis l'Inde. Et d'une manière générale, en dépit de la politique d'ouverture rapide du Népal, Katmandou restait isolée, introspective et secrète.

Le Népal vivait une situation de révolution progressive. Les grandes familles habituées à contrôler de façon héréditaire le pouvoir exécutif – Premier ministre – (et, dès lors, on peut l'imaginer, une bonne partie des autres postes clés) avaient moins d'influence, et une sorte de société démocratique commençait à fonctionner tant bien que mal par intermittence. Il y avait des partis politiques, des journaux et une station de radio très active, et on pouvait même afficher dans la salle de lecture britannique les critiques les plus calomnieuses du théâtre dominical. On croisait réellement des personnages inattendus dans les rues poussiéreuses de Katmandou. Parfois un Premier ministre surgissait dans sa grosse limousine avec son escorte de policiers menaçants ; parfois un saint homme décharné fendait sinistrement la foule. Des Tibétains aux longs cheveux noirs et étrangement vêtus discutaient accroupis au bord de la route. Des mendiants entonnaient leurs tristes gémissements caractéristiques. Quelque rare alpiniste européen faisait ses derniers achats dans les magasins aux façades ouvertes (mais où les esprits l'étaient rarement) dans le grand bazar. C'était à la fois coloré et misérable. Certaines personnes étaient élégantes et bien habillées, mais la plupart vivaient dans la plus grande pauvreté. Et ce curieux mélange s'imprégnait d'une sensation malsaine de méfiance.

J'ai très vite ressenti l'impact de ces caractéristiques durant mon bref séjour à Katmandou. J'avais transporté mes bagages depuis l'aéroport jusqu'au Nepal Hotel, un ancien palace d'un impensable inconfort, qui servait désormais de gîte aux visiteurs. C'était une énorme structure, auparavant la demeure de quelques notables de haut rang, remplie d'un invraisemblable bric-à-brac – tigres empaillés figés dans une scène de combat éternel, images de nobles népalais dans leurs costumes grandiloquents, tapis portant l'inscription « Bienvenue ! », maximes brodées comme « Bénissez cette maison » ou « C'est chez soi qu'on est le mieux », photographies étiolées de chasses à l'éléphant, obscures cérémonies gouvernementales, de rois… Des poulets se pavanaient dans la grande cour avant de finir avec une implacable régularité sur la table du dîner. Au bar, un groupe de jazz jouait un mélange confus de musique népalaise et américaine, avec une élégante contrebassiste locale portant des lunettes à monture d'écaille ; parfois, tôt le matin, le pianiste, un habitué des orchestres sur les navires lors des traversées entre l'Angleterre et l'Inde, se glissait dans la salle pour travailler son Chopin.

Souvent, par la fenêtre ouverte de la chambre, on entendait les cris des animaux sauvages ; le rugissement contrit d'un lion, le caquètement d'oiseaux dissimulés. Ces bruits provenaient d'un zoo situé dans un jardin charmant juste en face de l'hôtel, mais en piteux état. J'ai visité une fois cette ménagerie que j'ai trouvée étrangement fascinante. Ancienne propriété privée d'un noble chassé du pays par la montée soudaine de la démocratie, elle était maintenue dans un état de semi-coma par la ville de Katmandou. Tout était plus ou moins envahi de mauvaises herbes. Les lions s'ennuyaient mortellement. Les tigres perdaient leur pelage. Le plus grand python, fatigué de tout cela, s'était échappé. Le pélican voletait grotesquement au-dessus des pelouses à coups de demi-battements pénibles de ses ailes coupées. Sur une cage je vis une mention indiquant « Gibbon ». Mais à l'intérieur il n'y avait qu'un perroquet solitaire ; en m'approchant j'entendis une sorte de débandade furtive, et dans les recoins de la cage une bande de petits rats bruns se volatilisa : ils s'agrippaient aux barreaux en surveillant le malheureux oiseau. Ce lieu triste correspondait parfaitement au caractère du Nepal Hotel, qui, au final, était une auberge insolite.

Une fois arrivé, sans même défaire mes sacs, je partis découvrir la ville. Ce fut une longue marche dans une rue étroite entre les hauts murs implacables des palais (de temps à autre, à travers des portails en fer forgé, on apercevait la façade ornée d'un château rose inspiré de ceux des bords de Loire, mais soumis lors du processus à quelque horrible métamorphose d'ordre spirituel). Il faisait chaud, c'était poussiéreux, et la plupart des gens croisés dans la rue étaient sales et ne souriaient pas. J'entendis soudain le grondement d'un moteur derrière moi et une Jeep s'arrêta avec précaution. Elle transportait trois hommes qui semblaient importants, accompagnés d'un policier.

« Bonjour, Monsieur Morris, dit l'un d'entre eux un peu froidement. Nous vous avons cherché depuis l'hôtel, nous avions pour objectif de vous localiser précisément. Voici son altesse le maharaja de Rambledop – ou quelque chose comme ça –, qui est en visite à Katmandou chez l'un de ses éminents parents. Par hasard, auriez-vous vu la valise du maharaja, celle de couleur brune avec ses armoiries princières sur le couvercle ? »

« Je suis réellement désolé, leur dis-je, mais je ne pense vraiment pas l'avoir vue. »

« Oh », répliqua le dignitaire, et après s'être inclinés de concert devant moi et avoir échangé des regards éloquents, ils repartirent en voiture.

Katmandou était tellement fascinante que j'occultais aisément ce petit incident de mon esprit. Plutôt que de m'y attarder, je déambulais avec enchantement dans les petites rues pleines d'effluves primitives, vivantes avec leur foule errante d'habitants variés. Dans les boutiques, les marchands somnolaient, allongés sur leur tapis. Les officiels, vêtus d'uniformes splendides et brillants avec rubans et médailles, marchaient à grandes enjambées, des femmes indiennes évoluaient gracieusement dans leurs délicats saris. De temps à autre, le bruit des chaussures ferrées d'un soldat népalais claquait sur le trottoir. Sur le sol herbu de la place d'armes centrale, un groupe d'aristocrates s'entraînait avec des chevaux trapus qu'ils montaient avec une grâce peu orthodoxe. Un jeune homme à lunettes examinait une horrible sculpture du roi hindou Kala Bhaibar, qui déployait ses bras multiples près de la place principale.

Mais de temps en temps, de façon déconcertante, alors que je contemplais ces merveilles, la Jeep réapparaissait près de moi.

« Nos plus sincères excuses, dit le porte-parole, mais nous avons de nouveau étudié vos déplacements. Son altesse le maharaja de Rambledop se demande aimablement si vous n'auriez pas connaissance de l'endroit où se trouve sa valise en cuir avec ses armoiries ? Non, Monsieur ? Vous n'en savez rien, Monsieur ? Je vous prie sincèrement d'accepter mes excuses les plus chaleureuses. »

Au bout d'un moment, j'avoue, cela finit par me taper sur les nerfs, d'autant que pour moi Katmandou dégageait toujours une légère sensation inquiétante. Je visitai le sanctuaire bouddhiste de Shambhunath, en tressaillant alors que je traversai la colonie à son pied, car bon nombre de ses membres étaient albinos et me regardaient sinistrement avec leurs yeux roses. Au sommet de l'escalier raide du sanctuaire se dressait le haut stupa, entouré de maisons et de monuments ; des bandes de singes horribles et velus escaladaient ces structures et se faufilaient à travers les fenêtres des édifices. Et ces deux grands yeux bridés qui décoraient le monument semblaient me fixer d'un air franchement accusateur. *Avais-je* vu la valise du maharaja ? Aurais-je commis quelque terrible erreur ? Je rejetai cette idée et retournai à la route qui menait à l'hôtel ; mais peu de temps après la Jeep me rejoignit encore.

« Nos plus chaleureuses excuses, mais le maharaja se demande courtoisement si on pourrait l'autoriser à inspecter les bagages dans votre chambre, Monsieur, avec votre aimable permission ? »

« Cessons avec cette fichue valise, dis-je, ou quelque chose comme ça... Oui, pour l'amour de Dieu, venez et voyez par vous-mêmes ! » En quête d'un respectable sujet britannique dans les petites rues, je montai dans la Jeep en grommelant, comme si je n'avais pas eu le temps d'y réfléchir, tout ce nationalisme déconcertant est ridicule au plus haut point, etc. Bien que la serrure de ma chambre soit sécurisée, chacun retint son souffle et les muscles se tendirent, et tandis que la porte s'ouvrait largement, là, en plein milieu de la pièce, se tenait une grande valise brune avec un monogramme soigné...

« Mon Dieu, dis-je, le souffle coupé, je *suis* désolé ! »

L'espace d'un instant, cet événement singulier sembla menacer toute ma mission à l'Everest. Le maharaja ouvrit sa valise pour me montrer le contenu, et entre un pantalon et un tube de dentifrice, il brandit une boîte avec de magnifiques bijoux, auxquels il me dit avec conviction tenir énormément. Il dit que la boîte avait été en quelque sorte manifestement confondue avec mon bagage à l'aéroport ; dès lors, en tant que membre secondaire de l'expédition à l'Everest, comme j'avais échappé aux formalités douanières, il avait été rapidement transféré en ville sans être contrôlé. Cela me parut étrange.

« Maintenant je dois insister, dit le maharaja, avec un peu de dureté apparaissant dans la voix, pour que vous remettiez un document signé relatant l'affaire, et expliquant clairement que vous étiez responsable (bien entendu à votre insu, cher Monsieur) du transport de la boîte en ville. »

Tout cela me semblait plutôt douteux, mais alors que je campais sur mes positions en levant un index tremblant pour qu'il se décide à emporter ses possessions de ma chambre, on me suggéra gentiment que le maharaja était tout à fait en position de m'empêcher de partir en montagne. En un instant, j'écrivis un court compte rendu très conventionnel de l'épisode, que je lui tendis accompagné de l'expression de mon éternelle bonne volonté ; mais au fil des années je me suis souvent souvenu des bijoux du maharaja, me demandant par quel curieux subterfuge ils avaient passé la douane…

Un peu nerveux à l'idée qu'une autre chose similaire puisse m'arriver, je repris ma tâche pour compléter mes préparatifs en vue de la marche. Hutchinson était déjà à Katmandou, reclus durant les heures chaudes de la journée au fin fond d'une pièce sombre, mais aussi avec un doigt ferme appuyé sur le pouls de la ville. Il nous dit que tous nos pressentiments au sujet de la compétition se vérifiaient. Hunt et ses alpinistes étaient partis pour l'Everest depuis bien une semaine et se trouvaient à mi-chemin de la montagne ; mais ils étaient suivis de près par Ralph Izzard du *Daily Mail*, un correspondant britannique entreprenant et audacieux, parti dans les collines avec une tente en piteux état et une équipe réduite de porteurs. Hutchinson ne le pensait pas équipé pour la haute altitude, mais sait-on jamais… Il pouvait très bien envisager de rester dans cette région montagneuse pendant toute la durée de l'expédition. En outre, à Katmandou même, une agence d'information et un journal avaient envoyé des correspondants sur des postes d'observation afin de ramener tout ce qui filtrait de la progression de l'expédition. Une salle dans la *guesthouse* du gouvernement comportait une note en gras fixée sur sa porte : « Défense d'entrer, monitorage en cours. » C'était le bureau ponctuel d'un journal respectable sur Fleet Street à Londres, qui pariait sur le fait que les nouvelles de l'Everest seraient télégraphiées à Katmandou ; avec un récepteur puissant il était prévu d'intercepter de tels messages, mais aussi (le bruit courait) d'écouter les câbles émis par radio en Inde par les responsables des transmissions. Une grosse agence d'information avait fait de même. Toutes sortes d'étranges journalistes arrivaient à Katmandou, convergeant comme des charognards pour grappiller ce qu'ils trouvaient, quitte à sortir leurs griffes. Qui sait jusqu'où ils parviendraient dans les montagnes ? On peut mettre un copyright sur des dépêches mais pas sur des nouvelles[2]. Si un reporter était capable de décrire le départ de l'expédition à Katmandou, il pouvait très bien faire de même pour ses activités sur la montagne (s'il était suffisamment déterminé pour aller jusque-là).

Mais Hutchinson portait toutefois une nouvelle réconfortante. Il avait établi d'excellentes relations avec l'ambassade britannique, désormais située dans une horrible demeure construite dans un splendide jardin, et que les Népalais continuaient d'appeler *The Lines*, en référence à l'époque durant laquelle le résident britannique avait un contingent de la cavalerie indienne pour sa protection. Sous les inexorables pressions de l'histoire, le résident était finalement devenu un ambassadeur, en la personne de Monsieur Christopher Summerhayes. Ce denier faisait naturellement tout son possible pour aider l'expédition à l'Everest, et il avait promis à Hutchinson que si un message décisif venait de la montagne, annonçant la réussite comme l'échec, il le transmettrait depuis l'émetteur radio du ministère des Affaires étrangères. Pour ce seul message, cela permettrait d'éviter les retards et les risques du bureau des transmissions, et d'acheminer cette information déterminante à Londres en quelques instants. Il ne s'agissait pas d'une faveur réservée au *Times*. Si un autre journal parvenait à fiabiliser cette nouvelle en premier, nul doute que l'ambassadeur se fendrait du

---

2 N.D.T. Plus précisément, il n'y a pas de copyright sur la nouvelle (*news*) elle-même, mais sur son traitement dans un récit.

même service, car il n'avait pas l'intention de prendre parti dans une guerre des médias, mais simplement d'envoyer aussi vite que possible le message de l'Everest vers l'Angleterre.

Notre caravane était rassemblée sous le porche de l'ambassade. Par quelque sombre aberration dans l'accord d'indépendance de l'Inde, cet immeuble devint ensuite la propriété du gouvernement indien, et les Britanniques, qui l'avaient construit en plantant ses jardins tout en l'entretenant parfaitement au gré du temps, avaient dû déménager sur un site moins grand en aval de la rue. Mais en 1953, le drapeau du Royaume-Uni flottait toujours, et tandis que chacun s'affairait parmi les pelouses et les fleurs, avec la forte odeur de la floraison dans l'air, depuis l'intérieur du bâtiment apparaissaient souvent des groupes de serveurs attentionnés apportant des boissons fraîches. Dans des circonstances aussi idylliques, ma propre contribution aux opérations était essentiellement consultative ; mais Roberts, arrivé à Katmandou quelques jours avant moi, était très actif dans le contrôle des charges, le recrutement des porteurs et les commandes de provisions. C'était un officier gurkha qui ressemblait à un ours plein d'esprit, et qui avait l'expérience de plusieurs expéditions himalayennes par le passé. Intimement convaincu qu'il pouvait vivre loin de son pays, il était référent en termes de *chang*, la substance visqueuse que consomment les Népalais en guise de bière, et de *rakshi*, l'alcool à brûler à partir duquel ils entretiennent l'effroyable illusion de boire du gin. En permission de son régiment en Malaisie, Roberts s'était porté volontaire pour fournir à l'expédition un grand nombre de bouteilles d'oxygène, acheminées par voie maritime jusqu'à Katmandou, mais trop tard pour être emportées par la caravane principale.

Il s'assit sous le porche, entouré de porteurs et de bouts de ficelle. Deux cents des *coolies* avaient été recrutés avec l'aide du gouvernement ; deux contremaîtres, dont l'un portait une lanterne et une paire de lunettes évoquant un masque, s'occupaient de les organiser d'une manière à peu près uniforme. Vêtus de loques, avec de drôles de chapeaux sur la tête, les porteurs discutaient sans cesse, s'interrompant de temps à autre quand ils allaient un peu trop loin. On avait décidé du poids porté par chacun d'entre eux, et à peine les charges étaient-elles réparties à titre d'essai, que chaque homme entreprenait de réorganiser la sienne de la façon la plus confortable, fixant des ballots sur un autre, jouant sur l'équilibre du poids, enfin en ajustant le serre-tête sale grâce auquel il supportait le fardeau aussi bien que possible. En marge de ce groupe, autour duquel ils tournaient, se trouvaient quelques porteurs de haute altitude de l'expédition, des hommes d'une tout autre espèce. Il s'agissait de Sherpas, membres de l'ethnie tibétaine vivant dans la région de l'Everest, qui depuis des générations assuraient le portage pour les expéditions himalayennes. Ils avaient des visages sombres et les traits des Mongols, des corps incroyablement robustes, des yeux brillants, leurs mouvements étaient précis et justes. Tous étaient des porteurs-alpinistes reconnus, qui avaient quitté leurs hautes vallées natales pour vivre à Darjeeling en Inde, où ils trouvaient plus facilement du travail ; ils étaient habillés à l'européenne et connaissaient bien les besoins et les goûts des Européens.

La plupart d'entre eux étaient jeunes et en forme, spécialement recrutés pour grimper haut sur l'Everest. Mais l'un d'entre eux différait quelque peu. Il s'était présenté pour servir de Sherpa personnel aux côtés de Roberts durant les ascensions solitaires que l'officier proposa de réaliser après la livraison de l'oxygène.

Mais bien plus tôt déjà, cet homme s'était distingué aux côtés d'alpinistes britanniques, en partie grâce à ses excellentes capacités, mais surtout grâce à ses tenues extraordinaires. Car il avait des goûts bien surprenants. En 1935, lors de sa première participation à une expédition, on l'avait équipé de vêtements coupe-vent, d'un masque d'altitude, d'un passe-montagne et de tout le reste… Il s'y attacha étroitement au point de les porter durant des semaines, et pendant les jours les plus chauds de juillet et d'août, on pouvait le voir vêtu de l'équipement complet d'un alpiniste en vue de l'assaut désespéré vers un sommet inaccessible. En 1937, de retour en Himalaya, il était accoutré d'un costume gris d'été et d'épais bas blancs sortant du pantalon. En 1949, ceux qui le croisèrent dans les collines parlaient d'un short usagé en coton et d'un justaucorps à manches longues, d'où dépassaient quelques centimètres d'une silhouette corpulente, et au-dessus de laquelle pendouillaient les perles colorées d'une amulette. Son apparence cette année restait dans l'esprit. Il couvrait sa tête d'un casque à visière doublé d'une cagoule de laine, comme les coiffes habituellement utilisées par l'armée russe. Sa chemise grise de sport s'ornait d'épaulettes d'officier supérieur avec des croix lustrées. Par-dessus un long pantalon de laine, il portait un short bleu très large, et aux pieds de vieilles chaussures de gymnastique. Un ensemble confus de perles, de jetons et de symboles tibétains pendait autour de son cou, et un bracelet entourait son poignet. Il tenait un piolet dans une main, un chasse-mouches dans l'autre. Ce n'était pas pour rien que Sen Tenzing, à la lointaine époque des alpinistes gentilshommes, avait été qualifié par ses employeurs britanniques de « sportif étranger »…

Notre groupe avait la charge de soixante caisses de bouteilles d'oxygène soigneusement emballées, et sur lesquelles était écrit :

« Danger : maintenir dans le sens indiqué. » Sous le porche, où il faisait froid, nous avons contrôlé les caisses selon l'inventaire de l'expédition, une liste aussi longue qu'un roman. Il fallait peser chacune d'elles encore et encore, au cas où ça tournerait mal en chemin avec les *coolies* qui décréteraient que leurs fardeaux sont trop lourds. Le poids admis s'élevait à soixante livres[3] – que j'avais l'habitude de convertir mentalement à partir de pots de confiture –, et l'accord portait sur quatre livres et dix shillings pour les deux semaines, une somme que les porteurs dépenseraient sur la route. Quelques années plus tôt, on aurait trouvé ce tarif excessif ; mais un grand nombre d'expéditions traversaient sans cesse le Népal, pas toutes habitées par la même rigueur en termes de rétribution, et les porteurs étaient désormais passés maîtres sur ce marché particulier. Pauvres bougres, avec leurs pieds nus pleins de callosités et leurs corps filiformes, et leur vie qui n'autorise que de misérables plaisirs, ce serait dur de rechigner à leur donner un petit extra, même si leur comportement capricieux peut irriter.

Il restait également quelques petites choses à acheter dans le bazar ; du riz, de la farine, de la paraffine, des bougies et du fil de coton. Je pris quelques conserves américaines de fruits, délicieuses à la lecture des étiquettes effacées sur les emballages, mais plus consommables depuis plusieurs années. Je me procurai aussi une belle lampe-tempête, fabriquée en Tchécoslovaquie, grâce à laquelle j'envisageais de lire le *Oxford Book of Greek Verse* selon la véritable méthode de l'étudiant-alpiniste. C'était étrange de faire ses courses à Katmandou car les ventes s'entouraient d'une méfiance inattendue, non pas de la part de l'acheteur mais du gérant de la boutique. Si on demandait une bouilloire électrique, on se retrouvait face à un silence, voire au regard

3 N.D.T. Environ vingt-sept kilos.

hostile d'un marchand allongé ; et si on parvenait à en dénicher une en se forçant un chemin dans le magasin jusqu'à atteindre le rayon, on éprouvait les pires difficultés pour payer ; j'aimais cela ; il s'agissait en quelque sorte de cette réticence occulte propre à ces vendeurs, et leur insistance pour conserver leurs marchandises était peut-être une réminiscence de l'époque dorée de Katmandou, isolée derrière sa muraille de montagnes, solitaire et introspective, et parfois « ranimée » par quelque massacre effroyable ; tel celui[4] qui vit la reine ordonner que l'on précipite cinquante courtisans dans un puits de la cour du palais de Kot. Les marchands étaient à la fois apathiques et méfiants. Et en général ils préféraient s'occuper le moins possible de vous, au cas où vous iriez parler d'eux au bourreau. En 1953, Katmandou restait une ville secrète. Il y avait le couvre-feu la nuit, avec des mots de passe sur des bouts de papier crasseux qui passaient de main en main sous les lueurs vacillantes des lampes ; et dans mon imaginaire, les yeux des gérants des boutiques s'emplissaient des images de la conspiration.

Tranquillement, malgré la complexité de la vie en ce lieu singulier, nous achevâmes nos préparatifs. Hutchinson avait déjà pris ses marques avec les responsables des transmissions, et nos premiers messages atteignaient Londres suffisamment vite. Bien entendu, nous n'avions pas de nouvelles de l'expédition elle-même, loin dans l'arrière-pays. Jusqu'au retour du premier messager avec du courrier, nous étions totalement coupés de Hunt et manquions donc d'éléments ; il fallait dix jours à un homme parti de Katmandou pour le rejoindre, et pratiquement autant pour qu'un des siens revienne vers nous. Par ailleurs, les grimpeurs se situaient dans l'inconnu, avec Izzard sur leurs talons. Je passais mes soirées à étudier la carte. Sur sa surface

4 N.D.T. En 1846.

brillante car c'était un photostat[5], j'avais tracé le parcours de notre périple : en camion sur quelques miles jusqu'aux abords de la vallée de Katmandou où la route s'arrêtait, puis à pied à travers les collines. Si l'occasion se présentait, j'enverrais des dépêches pendant la marche d'approche ; sinon, j'adresserais mes premiers messages à partir de Sola Khumbu, la haute région alpine qui entoure l'Everest, terre des Sherpas. Entre-temps, sans aucun doute, Izzard aurait l'opportunité de transmettre de bonnes informations exclusives au pays : mais pour nous, la fin de l'expédition importait plus que le début, et il y en avait encore au moins pour deux mois.

Pendant ces mois, mes coursiers multiplièrent les allers-retours entre l'Everest et Katmandou, transportant les comptes-rendus de la progression sur la montagne. Ce qui coûtait forcément cher. À la banque de Katmandou, gardée comme une forteresse et gérée par un philatéliste enthousiaste, j'avais rassemblé l'argent envoyé depuis Londres par virement bancaire. Il s'agissait de sept cents livres, et on m'avait prévenu que personne dans la région de l'Everest n'accepterait autre chose que des pièces sonnantes et trébuchantes.

« Pas de papier pour ces gars, disaient les experts. Ils peuvent accepter du troc – entendez dix livres de *tsampa*[6] pour une journée, ou cinq mètres de lainage – mais vous feriez mieux de les payer avec des pièces. »

J'acceptai stupidement ce conseil insensé. Je passai ainsi de longues heures fastidieuses à la banque à compter l'argent, au point que mes doigts étaient noircis par la couche de crasse qui les recouvrait, comme un conducteur de bus en fin de journée ; et quand nous partîmes finalement pour les collines, on dut

---

5 N.D.T. Ancêtre de la photocopie.

6 N.D.T. Farine d'orge grillée.

employer deux porteurs pour le seul transport des pièces nécessaires au payement de leurs congénères, un système assurément à l'encontre de toutes les règles économiques de base. Bien entendu, en atteignant l'Everest, nous constatâmes que les bons Sherpas se satisfaisaient autant d'un billet de dix roupies que d'une pièce. Et je fus inutilement condamné à veiller sur deux caisses métalliques contenant un trésor, massivement cadenassées et scellées, le genre de choses que l'on trouve dans des caches de pirates.

Un beau matin fin mars, nous découvrîmes que tout était prêt, et après avoir chargé nos bagages dans les camions, nous traversâmes la vallée jusqu'à la ville voisine de Bhaktapur, Roberts précisant qu'il s'agissait de la fin de la route. Nos porteurs qui s'y trouvaient reprirent leurs charges pour la marche. La vallée de Katmandou comptait de nombreux et superbes monuments médiévaux, mais aucun n'était comparable à ceux de Bhaktapur, située à quelque vingt kilomètres de la capitale. C'était une ville à l'aspect sombre et inquiétant, habitée par l'âme du Moyen Âge. Dans l'entrelacs de ses rues sombres et tortueuses, on pouvait s'attendre à rencontrer un cortège funéraire de pestiférés, à être mêlé à des esclaves marqués au fer rouge, ou à tomber sur un hérétique irrévérent condamné au bûcher. De hauts immeubles aux corniches protubérantes ombrageaient ces ruelles étroites, et çà et là apparaissaient des mares d'eau boueuse, des cours et de grandioses volées de marches. Les portes d'entrée et les linteaux de ce lieu obscur s'ornaient d'innombrables scènes mythiques – rats, ours et singes, géants de légendes, fleurs, symboles cabalistiques, combattants, rois et dieux ; et la place centrale, soudain inondée par la lumière du soleil, s'entourait d'une splendide série de pagodes. Quelle cité merveilleuse et magique ainsi nichée au cœur des montagnes ! Le temple aux Cinq Étages à Bhaktapur marque l'apogée glorieux du passé illustre du Népal, quand l'État était dirigé par les anciens rois Newars. Il s'élève fièrement au-dessus du square, et l'escalier raide en pierre qui mène à l'entrée est gardé par une impressionnante série de sculptures. D'abord, confortablement assis au premier niveau, se trouve un géant avec des moustaches noires tombantes, nanti d'une énorme massue et d'un bouclier, ses larges orteils écartés sur son piédestal. Au-dessus se tient un superbe éléphant enchaîné et caparaçonné. Le troisième niveau accueille un dragon qui montre ses dents d'un sourire menaçant, comme s'il s'apprêtait à bondir. Un aigle guindé et solennel se dresse ensuite. Enfin, au dernier niveau tout en haut, près de la porte du temple, on aperçoit un dieu monstrueux à six bras et au visage de grenouille, avec une coiffure fabuleuse et un regard vide mais implacable. De jeunes garçons et des hommes âgés se hissaient jusqu'aux sculptures, ou bien dormaient au sein de leurs membres tentaculaires. Mais dans leur ensemble, ils dégageaient surtout une saisissante sensation de reproche ou de mise en garde, comme si une cour complète du juge Jeffreys[7] avait été figée au moment de prononcer sa sentence.

Notre groupe se réunit dans un champ herbeux à l'extérieur de cette ville inoubliable. Il s'agissait en réalité d'un terrain d'entraînement de l'armée népalaise, et bon nombre d'officiers et de soldats nous observèrent quand nous nous rassemblâmes. L'herbe était très verte, le ciel très bleu ; des collines vaporeuses nous entouraient de tous côtés, certaines d'entre elles densément boisées, et en regardant loin vers le nord on pouvait s'imaginer les sublimes pics enneigés et étincelants. Il y avait une piscine à proximité, joliment soulignée de pierres adoucies, à l'intérieur de laquelle un vieux sage à la barbe blanche lavait sa chemise,

7 N.D.T. George Jeffreys (1645-1689), qui officia comme Lord Chancelier sous le règne de Jacques II, surnommé le « juge qui pend », était connu pour son extrême sévérité.

indifférent. Des bandes de gamins traînaient en salivant au milieu de notre caravane, sales et plus tenaces qu'une mère anglaise ne saurait le concevoir dans son pire cauchemar.

Nous disposions désormais de soixante-dix *coolies* népalais, dont sept étaient à mon service. À Katmandou, déboussolés et troublés par les engorgements de la cité, ils évoquaient vraiment une armée en guenilles ; mais ici à l'air libre, tandis qu'ils hissaient vaillamment leurs charges et se préparaient à partir, ils retrouvaient une étrange dignité rappelant les gnomes. Dehors, ils arpentaient les rues de Bhaktapur, la plupart d'entre eux s'arrêtant presque aussitôt le temps d'un dernier au revoir, d'un adieu aux larmes ou d'une pause anticipée. Leurs silhouettes étaient bizarres tandis qu'ils se dressaient sur la crête au-dessus de la ville ; certains avaient d'énormes caisses carrées sanglées sur le dos, mais d'autres s'encombraient grotesquement de baskets ou de chaussures, de longues antennes radio qui dépassaient, de lanternes, de paquets de haillons ou de poêles à frire. Une part de ce matériel me revenait mais le plus gros était pour l'expédition ; sans oublier la petite partie prélevée par les porteurs eux-mêmes pour alléger les souffrances de la marche et animer la longue orgie dégénérescente à laquelle, comme je le suspectais, ils allaient encore céder une fois libérés de leurs fardeaux. Nous partîmes en milieu de matinée, dans un élan allégorique de trompettes et sous quelques cris plutôt désespérants de « Bakchich ! » qui se propageaient aisément en contrebas au gré des chemins de la vallée. Nous optâmes cette nuit-là pour camper près de Banepa, en bordure de vallée, et le lendemain matin nous serions dans les collines.

Mais cela n'arriva pas ; plus tard ce même jour un étrange fait survint. Dans la chaleur du début d'après-midi, Roberts et moi, après avoir cherché vainement une brasserie ou un salon de thé, nous sommes installés près d'un ruisseau pour boire quelque chose et manger un sandwich. Le lieu n'incarnait pas vraiment le paradis car c'était le versant poussiéreux et rocailleux d'une colline sans beaucoup d'ombre; quant au cours d'eau, malgré son agréable glouglou, il me semblait couler presque directement depuis les toilettes extérieures des quelques huttes sur une autre colline nous dominant. Néanmoins, nous nous sommes assis confortablement pour prendre notre repas. Hélas, nous n'avons pas attendu longtemps avant d'être dérangés. Un gros nuage de poussière s'approcha le long de la piste, et peu à peu émergea un break qui bondissait, cahotait et grinçait sur le sol irrégulier. Je pensai d'abord: « Bonté divine! » On aurait pu conduire sur tout le parcours jusque-là! Mais avant d'avoir le temps d'adresser des reproches à Roberts, qui avait agi ainsi pour nous endurcir aussi tôt que possible, le colonel Proud de l'ambassade britannique sauta de la voiture, le visage quelque peu soucieux.

Il dit, selon un message adressé par Hunt, que le système de pression de nombreuses bouteilles d'oxygène emportées par l'expédition elle-même s'avérait déficient. Certaines étaient inutilisables. Devrions-nous contrôler toutes les bouteilles en notre possession, afin de s'assurer qu'elles ne soient pas déficientes aussi? C'était du sérieux. Si elles fuyaient cela pouvait signifier l'annulation de toute l'expédition. Il serait presque impossible de faire venir par avion de l'équipement supplémentaire avant la fin de la saison d'alpinisme à l'Everest, et à moins de vouloir faire une tentative sans oxygène, les grimpeurs devraient probablement se résoudre à une décevante retraite.

Roberts décida d'aller à Banepa, d'y camper pour la nuit et de passer le jour suivant à vérifier les bouteilles. Cela consistait à ouvrir soixante caisses bien emballées, inspecter les manomètres et tout reconditionner. Une tâche délicate avec notre équipement réduit au minimum et nos connaissances rudimentaires des dangers de l'oxygène comprimé. Proud nous mena à la voiture et nous conduisit vers l'est par la piste, dépassant quelques *coolies* en plein labeur, dérapant en traversant plusieurs hameaux, jusqu'à l'apparition des maisons de Banepa face à nous. Alors que nous approchions, j'ai commencé à me demander comment le message de Hunt était arrivé aussi rapidement à Katmandou. Nous étions le 31 mars, et les alpinistes venaient sans doute tout juste de s'installer dans la région de Namche Bazar, le village servant de quartier général aux Sherpas. *D'ailleurs*, ai-je soudain pensé, en me redressant tout droit sur mon siège, *comment le message est-il seulement parvenu à Katmandou ?* Aucun coursier n'aurait pu réaliser tout le trajet depuis Namche – au moins deux cent soixante-dix kilomètres – en trois ou quatre jours. Le village se trouvait dans une zone quasi vierge, reculée et fermée, et la première visite des Européens remontait à seulement quatre ans. Que s'était-il donc passé ? Avions-nous omis quelque facteur crucial dans l'organisation des nouvelles venues de l'Everest ?

« Au fait, colonel, dis-je avec la plus grande nonchalance car je détestais ennuyer les gens avec mes angoisses personnelles, comment le message de Hunt vous est-il parvenu aussi vite ? »

Proud s'affairait avec le pare-soleil de son appareil photo mais il leva les yeux et répondit doucement :

« Oh, par radio, vous savez. Il paraît qu'il y a une sorte de station radio à Namche Bazar ! »

Un radio à Namche, pratiquement à portée de vue de la montagne ! Tout en froissant bruyamment un emballage de papier et d'aluminium, je me forçai à croire qu'il s'agissait de foutaises.

4.
APPROCHE

Nous campâmes sur un plateau herbeux au-dessus du village de Banepa pour entreprendre d'ouvrir toutes les caisses. C'était une bourgade crasseuse, avec des gens sales et des étals de légumes pourris, mais le terrain élevé qui le dominait était tranquille et agréable. Le *chang* était excellent, pas aussi épais que plus haut dans la région, mais léger comme un cidre doux dont il avait à peu près le goût. Seuls quelques oisifs vinrent nous observer ; la caravane principale de l'expédition était passée par là et nous étions loin d'offrir un spectacle aussi impressionnant. Deux moines bouddhistes flânaient autour d'un temple voisin, vêtus de leurs robes ocre vif, très jeunes mais dignes. Trois mendiantes pressantes geignaient en se frayant un chemin dans nos bagages, insensibles aux invectives ; et certains des plus affreux gamins de Bhaktapur semblaient nous avoir suivis sur tout notre parcours jusqu'à Banepa. Mais tout se passa plutôt bien. Nous nous aperçûmes vite qu'en maintenant ouvert le côté d'une caisse en faisant levier, nous pouvions accéder à l'intérieur et voir le manomètre ; et le lendemain à midi, nous les avions tous vérifiés et remballés. Les résultats nous rassuraient. Sur cent onze bouteilles, seules onze étaient défectueuses. L'expédition pouvait continuer.

Nous avons remis un rapport au colonel Proud, et peu après le déjeuner, nous sommes repartis majestueusement dans les collines.

Les problèmes liés à l'émetteur radio m'inquiétaient davantage. Il était apparemment géré par le gouvernement indien, car le message de Hunt était parvenu à Proud par le biais de l'ambassade de ce pays à Katmandou. Les Indiens avaient hérité des Britanniques de leur ancienne hégémonie nébuleuse sur le Népal, et ils étaient bien sûr préoccupés par la sécurité de leurs frontières septentrionales, en particulier par les cols himalayens qui constituaient des portes d'entrée vers l'Inde. Mais il apparaissait totalement extraordinaire qu'il y ait un relais radio profondément enfoncé dans une région aussi sauvage et reculée. Je m'alarmais en pensant aux éventuelles conséquences de la présence de ce matériel. Hunt avait d'évidence établi des relations amicales avec ses exploitants. Mais supposons qu'Izzard ou un autre reporter aventurier parvienne à les persuader de transmettre uniquement ses messages pour lui, excluant ainsi le *Times* ? Peu importait dès lors de savoir quel point j'atteindrais sur la montagne en qualité de correspondant accrédité de l'expédition. Namche se situait à seulement cinquante kilomètres de l'Everest, et la nouvelle de n'importe quel événement sur la montagne fuirait certainement ici par le « téléphone sherpa », bien avant que je puisse envoyer un messager à Katmandou. C'était une perspective désagréable ; qui sait, peut-être Izzard avait-il déjà solidement mis le grappin sur l'opérateur et peut-être envoyait-il joyeusement des messages par la voie des airs ?

Mais il n'y avait pas non plus encore de raison de se tracasser, et puisque la région de l'Everest m'apparaissait aussi isolée et inconcevable que les montagnes de la lune, je ne pouvais raisonnablement prévoir la situation là où je me trouvais. Dès lors, je me dédiai aux plaisirs de cette randonnée, qui est devenue depuis, merci aux innombrables chroniqueurs pour leurs travaux, une des balades nature les plus réputées du monde. Notre marche était plaisante et tranquille. Les alpinistes avaient l'habitude de se mettre en route tôt le matin, et de ne pas s'arrêter avant le petit-déjeuner après deux ou trois heures de marche. Nous procédions très différemment. Alors que le soleil tapait déjà depuis longtemps sur les toiles de nos tentes, on apercevait des mains pâles se frayant un chemin par les ouvertures ; et en un clin d'œil, les Sherpas nous tendaient de grandes tasses de thé fumant. Roberts sortait généralement assez tôt, pour vérifier une charge ou tuer dans l'œuf une mutinerie ; mais je prenais vraiment mon temps pour sortir à l'air libre, ce qui était agréable. J'émergeais progressivement avec la chaleur du soleil, pour m'asseoir sur le seuil de ma tente et me brosser les dents, en respirant l'air pur des collines et en écoutant le grésillement lointain du petit-déjeuner. Très vite, une bande de bouseux se rassemblait autour de moi, et nous échangions quelques banalités et autres politesses. J'avais un petit récepteur radio avec moi, et très vite je le réglais pour écouter les informations en provenance de Londres ; mais globalement, j'avais juste le temps d'entendre des nouvelles d'un ou deux accidents mineurs, face à l'hilarité incrédule des Népalais ; avant que Sen Tenzing ne dévale le versant de la colline pour me dire que le petit-déjeuner était prêt et savoir s'il pouvait maintenant démonter la tente.

Une manière exquise de commencer la journée ! Nous avions des œufs brouillés, du thé et des *chapatis* avec de la confiture

Cooper, parfois du pain, car ma femme avait acheté deux boîtes de levure au magasin *Army and Navy*, ce qui était un important privilège par rapport aux autres voyageurs en Himalaya cette saison-là. Alors que nous mastiquions, nos porteurs de tête, soucieux de finir leur journée assez tôt, s'engageaient sur la piste en direction de notre emplacement suivant de bivouac. Les deux contremaîtres les harcelaient de toutes parts ; l'un des deux portait toujours ses lunettes et brandissait sa lanterne tachée par la fumée ; l'autre était affublé d'un grand parapluie noir. Ils n'avaient sans doute pas la même influence. Certains porteurs étaient âgés et grisonnants, leurs mollets ridés, leurs doigts longs et osseux ; d'autres étaient jeunes, incurablement joyeux, s'écartant toujours du chemin pour trouver de quoi boire ou flirter avec les jeunes beautés locales. Tous étaient des hommes de la vallée, mais au fur et à mesure que la piste s'élevait plus haut dans les collines, ils perdaient un peu de vigueur et de bonne humeur, leur comportement commençant à s'assimiler à celui de syndiqués contestataires ; mais au début ils étaient plutôt assez bien disposés et nous saluaient en nous souhaitant une bonne journée quand nous nettoyions les dernières traces de nos œufs brouillés.

Ces collines n'incarnaient pas la beauté éthérée. Elles étaient poussiéreuses, sombres et mornes ; les villages sordides et laids, les habitants affreusement pauvres. La chaleur se reflétait tout au long de la piste, et en croisant chaque fontaine (l'eau jaillissait d'antiques gueules de lions en fer près du chemin), on était tenté de stopper pour boire. Somme toute, je n'aimais pas beaucoup cette région ; mais Roberts était un officier gurkha, et tous ces hommes courageux venaient du Népal. Il s'était efforcé de m'assurer que les jeunes gens chétifs et bigleux que nous rencontrions dans les villages n'avaient rigoureusement rien à voir avec ses soldats.

« Ah oui, mais ce sont des Hindings ! Ils sont *assez* différents. Nos hommes viennent de la région Bindung – de l'autre côté de cette colline – et sont *totalement* différents. Ces gens sont métissés avec les Pontungs. Attendez de voir les Bindungs ! »

Mais non, de l'autre côté de la colline les Bindungs semblaient comme toujours loucher, et bientôt Roberts en fut réduit à suggérer que ces hommes venaient d'une contrée quelque part plus haut, derrière la crête, montrant un lieu si horriblement inaccessible que je n'aurais jamais eu la possibilité d'y pénétrer.

Les jours passaient donc gaiement alors que nous marchions péniblement sur la piste, en somnolant parfois au soleil, ou bien en nous arrêtant pour la pause déjeuner près d'un petit ruisseau limpide. Sur ces contreforts on entendait toujours des sons intéressants. D'innombrables oiseaux ridicules chantaient des heures durant, avec parmi eux un coucou si increvable que l'écho de son cri rauque allait d'une colline à l'autre, avec beaucoup de puissance et d'énergie. Dans les villages il y avait toujours des battements de tambour et d'étranges instruments à cordes dont on jouait en rythmique. Dans notre petit camp, le bavardage des porteurs, semblable à celui d'enfants, s'opposait à la voix profonde et basse de crooner de Sen Tenzing, supposée se destiner à ses dévotions. Souvent le silence était brisé par les harmonies vocales grinçantes des femmes ou le caquètement des poules ; et parfois, la nuit, une hyène ricanait dans l'obscurité.

J'avoue ignorer ce que pensaient les habitants de la façon dont nous voyagions, chargés d'un équipement aussi inattendu. Je crois que même les porteurs restaient vagues sur les objectifs finaux de leur travail ; et d'une manière générale les villageois semblaient simplement nous accepter comme des animaux originaux de passage, peut-être en migration. Mais parfois, un sage prétendait déceler des raisons cachées. Ainsi, ces vieux hommes stupides s'impatientaient souvent pour regarder à travers nos jumelles, mais invariablement par le mauvais bout.

« Pourquoi êtes-vous si intéressé par ces choses ? avons-nous demandé à l'un de ces hommes. Elles ne font qu'agrandir, comme une paire de lunettes. Maintenant, regardez cette machine à écrire : elle va écrire une lettre pour moi, bien mieux que le meilleur scribe. Cet appareil va faire une photo en un instant, que j'emmènerai chez moi et garderai pour toujours. Cette petite boîte de pilules va me débarrasser de ma migraine. Ce petit poste de radio va m'acheminer des voix depuis des lieux à une année de marche. Pourquoi optez-vous à chaque fois pour les jumelles ? »

« Aha sahib ! répondit malicieusement le sage. J'en sais plus que cela ! Je ne suis pas si simplet ! Je sais qu'à travers ces verres miraculeux on peut voir sous la surface de la Terre, et ainsi savoir où se trouve de l'or, et des diamants, et tous les autres trésors des montagnes ! Je vous en prie sahib, laissez-moi regarder encore une fois dans les verres miraculeux ! »

Les Népalais de cette moyenne montagne étaient des gens pacifiques, qui n'imagineraient jamais vous faire du mal ; et durant tout mon séjour au Népal, on ne m'a jamais rien volé. Mais ils se donnaient un air menaçant en portant toujours le fameux poignard gurkha appelé *khukuri*. Il s'agissait d'un outil courbe et meurtrier, glissé bien en vue dans la ceinture, et surtout employé pour trancher la viande, couper le bois, ouvrir les boîtes de conserve et autres tâches « légères » du même genre… Presque tous les hommes adultes en avaient un, et les jeunes Népalais, qui ne portaient guère qu'un chapeau et un maillot, semblaient parfois tout petits avec l'énorme couteau solidement sanglé au niveau du ventre.

Bien que sans arme, les femmes dégageaient parfois une plus grande sensation de férocité. Avec leurs cheveux emmêlés et leurs sourcils bas, leurs robes noires en loques et leurs bracelets, elles s'asseyaient telles des sorcières au-dessus des grandes marmites dans lesquelles elles brassaient leur *chang*, vidant le liquide coagulé d'un récipient à l'autre, le touillant et le filtrant à l'aide de bâtons ou de leurs doigts sales, s'interrompant parfois le temps d'un rire rauque, et pour finalement pousser brutalement une casserole du breuvage en direction du sahib qui passait. Généralement je savais à quoi m'en tenir au sujet de ces femmes sauvages pour refuser ce truc, quelles que soient sa consistance, épaisse ou gluante, et les conditions de son brassage. Je me souvenais parfois que je n'étais pas totalement vacciné contre les maladies orientales ; mais, en mastiquant ma bouillie, la maxime favorite de Lord Fisher[8] me revenait : « Fais-le bien, et au diable les statistiques. »

Ces villages des collines foisonnaient d'activité. Un flux permanent de commerce à pied les traversait pour emmener les produits à Katmandou. Chaque jour nous croisions des convois de porteurs à moitié nus lourdement chargés. Ils passaient près de nous silencieusement, se déplaçaient calmement dans une odeur de sueur et de saleté. Ils transportaient souvent d'énormes quantités d'oignons avec encore leurs feuilles vertes ; parfois, ils avaient des cages en osier avec de petits poulets, et dans les cages les plus élevées des coqs attachés par la patte qui battaient des ailes, impuissants. Pour eux-mêmes, les porteurs ne portaient que des couvertures, des casseroles et quelques ustensiles secondaires ; le soir, ils achetaient leur nourriture sur place et la

8 N.D.T. John Arbuthnot Fisher (1941-1920), important amiral de la Royal Navy dont il fut un réformateur essentiel.

préparaient au-dessus d'un feu en plein air, avant de s'enrouler dans leur couverture usée jusqu'à la corde sous un rocher ou dans un creux. Leur vie était dure. Leurs corps étaient rongés par les maladies, et durant la plus grande partie de l'année ils étaient dehors sur les pistes des collines, loin de leurs femmes et de leurs familles.

Un matin, quelques jours après avoir quitté Katmandou, j'ai rencontré un groupe de ces hommes en direction de la capitale sans la moindre charge. Ils s'arrêtèrent immédiatement pour me saluer, et il s'avéra qu'il s'agissait des premiers porteurs de Hunt sur le chemin du retour, qui avaient transporté leurs fardeaux jusqu'à Sola Khumbu et rentraient maintenant chez eux. Ils me dirent que tout se passait bien. L'expédition était en sécurité en pays sherpa, et M. Izzard, ils furent heureux de pouvoir me le dire, se trouvait quelque part dans la région de Namche Bazar. Je leur demandai de patienter un moment, et assis au bord du chemin, j'écrivis une brève dépêche décrivant notre progression et relatant l'omniprésence des « cinglés » : je leur confiai ceci avec une lettre pour Hutchinson, qu'ils remirent effectivement.

Sans être très véloce, notre progression était suffisamment régulière. La chaleur était intense et les mouches éprouvantes. Parfois, de gigantesques et superbes papillons voletaient à proximité ; ou bien un bourdonnement désagréable annonçait l'arrivée d'un énorme scarabée volant, assez gros pour nous obliger à l'esquiver en se protégeant la tête. Nous stoppions fréquemment le temps d'un bain dans un torrent rapide et limpide dévalant des montagnes, ou gravissions une éminence proche pour avoir un aperçu des lointains pics enneigés à travers la brume de chaleur.

Nous atteignîmes ainsi le village de Meksin et son grand bazar, qui marquait la mi-chemin, et nous sentîmes que nous approchions de l'Everest. Sur la carte, le lieu s'appelait de façon incongrue Those[9], un nom qui ne semblait absolument rien évoquer pour ses habitants; mais nous disposions d'une mauvaise carte, qui se révéla imprécise tout au long du voyage au point de finir par m'attrister... Nous approchâmes la bourgade en bas d'une très belle vallée étroite, densément boisée et arrosée par un délicieux torrent impétueux, qui avait un premier parfum de la région alpine qui nous attendait. Mais en soi, Meksin était toujours un village de moyenne montagne. Il comptait une large rue commerciale, envahie de désœuvrés et de marchands léthargiques, avec quelques boutiques ouvertes dans lesquelles on pouvait acheter des verres de lampe et des miroirs. En périphérie se trouvaient quelques belles maisons dans le style architectural des Newars, l'une d'entre elles ressemblant étrangement à une auberge-relais anglaise, au point qu'en passant devant j'espérais presque entendre de joyeuses voix anglaises depuis le comptoir, ou bien l'odeur des choux de Bruxelles. Il y avait aussi une fonderie à Meksin, et par la porte ouverte d'un autre bâtiment on entrevoyait l'éclat aveuglant des fourneaux et les muscles nus et puissants des forgerons.

Nous avons campé sur un large emplacement herbeux à l'extérieur du village, sur les berges de la rivière; et cette nuit-là j'ai tapé une deuxième dépêche. « *Appelez-moi...*, dis-je à la foule qui nous regardait, *appelez-moi un coursier!* » Comme par miracle, l'un d'eux apparut instantanément et annonça son prix. Je scellai mon envoi et lui payai la moitié du tarif en l'informant qu'il aurait l'autre moitié quand il arriverait à destination (*The Lines*);

9 N.D.T. C'est toutefois bien sous ce nom que l'on connaît aujourd'hui ce village...

et ce même soir, avant que le soleil ne se couche, je le vis marcher à grandes enjambées dans la gorge en direction de l'ouest.

Notre propre itinéraire nous menait franchement à l'est, dans une région montagneuse, résolument bouddhiste, au fort parfum tibétain. Les forêts et fourrés que nous traversions désormais étaient splendides avec des rhododendrons et des magnolias ; l'air était vif et l'herbe des hautes prairies d'un vert délicieux. Un après-midi, alors que je trébuchai sur un chemin rocailleux dans un bois épais, j'entendis une vive discussion et un bruit de pas se rapprochant à travers les arbres. « Qu'est-ce ? » Je réfléchissais, car quelque chose d'étrange et de sardonique accompagnait ces bruits. Des lutins ? Des nains ? Des gens vivant dans les arbres ? Peu après, au détour d'un virage, ils apparurent, quatre hommes et trois femmes. Sept petits êtres bruns au visage luisant, riant et parlant très vite, expressifs et plein d'animation. Les hommes portaient des capes brunes en laine, attachées autour de la taille comme des serviettes de bain, et des chaussures brodées également en laine ; les femmes, leurs jupes s'arrêtant aux genoux, avaient de jolis tabliers et des chapeaux en tissu. Chacun transportait sur son dos un énorme paquet de matériel indéfinissable, étroitement lié et conditionné. Ces gens étranges se déplaçaient à travers bois avec une rapidité et une vigueur quasi surnaturelle, dansant sur la piste avec une gestuelle gaie et alerte, comme des animaux ou des farfadets, et sans jamais cesser de jacasser et rire. Ils me sourirent en me croisant, montrant des dents blanches étincelantes sous leurs yeux en amande ; et quand ils disparurent en haut de la colline, je sus que j'étais entré en pays sherpa.

Bien vite, les symboles du bouddhisme furent omniprésents. La devise mystique de la foi, *Om Mane Padme Hum* (Hommage au joyau du lotus), apparaissait sur les murs et dans les lieux saints en caractères tibétains. De grands drapeaux blancs de prières flottaient dans la brise sur leurs supports, et lors de chaque passage les croyants, pour remercier les dieux, avaient apposé de petits morceaux de tissu qui claquaient sur des arbres ou des bâtons. Ici et là on voyait des moulins à prières, tambours rotatifs avec des prières gravées que les fidèles faisaient tourner d'une pichenette paresseuse. Nous nous sommes arrêtés plusieurs fois aux monastères, où des moines nous recevaient chaleureusement avec du thé au beurre onctueux. Je me souviens bien du visage serein de l'abbé de Risingo, qui marcha vers notre camp avec ses deux petits chiens qui lui mordillaient les talons ; une foule de membres de sa congrégation se bousculaient autour de lui, impatients de toucher ses vêtements ou de baiser sa main, et il parlait paternellement à chacun d'entre eux. Les villages étaient maintenant plus étendus, les maisons bien construites et accueillantes ; et bien que nous nous trouvions parmi des bouddhistes pratiquants, les villageois nous vendirent volontiers des poulets coriaces et efflanqués pour le dîner, se contentant de préciser que nous devions nous-mêmes leur tordre le cou…

Nous continuâmes d'alterner les ascensions de collines et les descentes vers de profondes vallées ; mais l'altitude augmentait progressivement, et un matin, alors que je marchais sur une pente herbeuse dans un cadre charmant et ouvert, je vis soudain en face de moi l'impressionnant spectacle des pics enneigés. Je n'avais jamais vu d'aussi beau panorama. Les montagnes occupaient mon horizon d'un bout à l'autre, certaines zébrées d'ombres, d'autres incroyablement épurées et étincelantes. Elles étaient aussi calmes, immobiles et silencieuses que les visages des sculptures grecques ; mais étrangement, du fait de leur grande majesté, elles semblaient également amicales. La vue de ces merveilles éveilla en moi beaucoup d'admiration.

La piste traversait maintenant une chaîne de hautes montagnes, avant de dégringoler de façon chaotique dans une vallée, en bas de laquelle nous trouvâmes le cours impétueux de la Dudh Kosi. Cette rivière coule vers le sud depuis la région de l'Everest jusqu'en Inde ; je l'observai avec intérêt, car c'était sur ses eaux turbulentes que j'étais censé faire flotter mes dépêches sous emballages étanches jusqu'à un infortuné collègue à Jogbani. Constitué d'un ensemble incertain de pieux et de branches, un pont branlant la traversait, sur lequel nous rampions avec précaution ; sur l'autre berge, une très belle vallée verdoyante et enchanteresse nous attendait, aux effluves d'aiguilles de pins, avec le flot tumultueux à proximité du sentier. Plus haut se trouvaient de larges prairies pour camper, et toujours au-dessus de nos têtes, au-delà des combes, comme des sentinelles se dressant soudain pour encadrer les cols, on voyait les pics enneigés, désormais très proches.

C'était Sola Khumbu, la province centrale des Sherpas. Dans chaque hameau les habitants venaient avec des bols de *chang* ou des tasses de *rakshi*, et nos propres Sherpas occidentalisés se saoulaient de plus en plus régulièrement au gré de notre progression. Durant de longues heures, ils s'asseyaient sur la terrasse de quelque maison avenante, buvant et riant bruyamment, ne songeant à s'activer que vers la fin de journée, juste à temps pour attraper la caravane, monter les tentes et préparer le camp. Le plus jeune des trois, Ang Nyima, était le plus difficile à gérer. Il pouvait arpenter le camp, hagard avec un sourire stupide barrant son visage et une cigarette vissée aux lèvres, évoquant plus un bonimenteur de rue à Londres vendant des collants de mauvaise qualité qu'un himalayiste. Mais il faisait quand même preuve d'un réel sens de l'humour, ce qui curieusement pouvait parfois me plaire, et de lui se dégageait une sensation de force et d'énergie contenues, comme s'il préparait le terrain avant que les choses ne deviennent vraiment sérieuses.

Seulement deux jours nous séparaient désormais de la base arrière établie par Hunt au monastère bouddhiste de Tengboche, au sud de l'Everest. Nous étions en retard et Roberts décida d'aller de l'avant avec une partie de la caravane pour livrer un peu d'oxygène. Je m'occuperais du reste. J'étais donc seul quand, le lendemain matin, en arrivant au détour d'un virage sur la piste, dans une zone isolée et absolument magnifique de la vallée, je me retrouvai nez à nez avec un Européen venu en sens inverse. Je le reconnus instantanément. J'avais déjà croisé Ralph Izzard en Égypte quelques années plus tôt; mais il avait oublié notre rencontre, et la présence d'un correspondant accrédité pour l'expédition n'ayant pas été rendue publique, il pensa alors que j'étais un des grimpeurs. C'était une âme imperturbable, et il

Campement durant la marche d'approche. ©Royal Geographical Society

me dit « Bonjour ! » presque comme si nous nous trouvions dans le métro en direction de Blackfriars[10].

« Bonjour, ravi de vous voir », répondis-je.

« Vous prendrez bien une tasse de thé... et une brioche ».

Nous prîmes donc place sur un rocher et son excellent cuisinier nous prépara du thé et des gâteaux. Cette rencontre était singulière. Son périple audacieux avait surpris les alpinistes, qui avaient difficilement cru qu'un correspondant du *Daily Mail* vienne évoluer librement dans la zone des glaciers, sans d'ailleurs perdre leur sang-froid. Respectant leur contrat avec le *Times*, ils ne lui avaient donné que de maigres informations, en le privant surtout des descriptions des opérations ; il pouvait seulement s'appuyer sur son propre ressenti, et ce à l'écart de ce que faisaient réellement les grimpeurs. Il était monté jusqu'au pied de l'Everest par le glacier du Khumbu, et alors que rien de fondamental n'avait débuté sur la montagne, il repartait maintenant pour Katmandou. Mais je trouvai quand même ça suspect ; et comme chacun était aussi désireux que l'autre de connaître nos objectifs respectifs au sujet de Hunt, nous nous installâmes volontiers pour nous tirer les vers du nez. Il était tout naturellement réticent. Oui, il retournait à Katmandou. Pour de bon ? Il n'était pas sûr. Il devait se rendre à Calcutta pour diverses affaires, mais ensuite, reviendrait-il peut-être au Népal ? Cela dépendait en partie de son journal. Il était déjà venu en Himalaya et ne souhaitait pas refaire connaissance avec les sangsues de la mousson. Mais là, on ne pouvait que rester dans l'expectative.

Et moi, maintenant ? Il espérait peu de révélations de ma part compte tenu de nos obligations contractuelles, mais verrais-je un inconvénient à au moins me laisser photographier ?

10 N.D.T. Quartier de la Cité au centre de Londres.

« Oh mais certainement, allez-y ! » dis-je.

Mais la photo ne fut jamais publiée dans le *Daily Mail*, car j'oubliai mes résolutions pour lui dire la vérité. Je n'étais pas alpiniste mais reporter comme lui. En vertu de cela nous partageâmes plusieurs autres tasses de thé tout en discutant longtemps de la presse écrite, avant de nous quitter. En regardant ensuite alentour depuis une élévation au-dessus de la piste, je vis sa longue silhouette un peu bancale s'éloigner à grands pas dans les pins.

Je n'avais pas osé mentionner l'émetteur de Namche au cas où il n'aurait pas été au courant ; et bien entendu, il aurait fait de même à mon égard. J'avais un sentiment horrible en pensant qu'il ait pu traiter dans de bonnes conditions avec les opérateurs de la radio, et qu'il soit maintenant en route vers l'Inde pour organiser les informations rassemblées durant les premières phases de l'ascension ; et qu'il revienne sur l'Everest pour transmettre au monde le scoop si quelqu'un parvenait au sommet. Cette idée me hanta alors que nous marchions, et d'après ce que j'avais vu jusque-là dans la région, je savais qu'il était facile pour un homme en forme de s'installer quelques mois parmi ces gens, pour simplement attendre l'occasion d'intercepter un Sherpa descendant de la montagne, lui soutirer les bonnes informations et les adresser au pays par les ondes…

Je parvins moi-même rapidement à Namche. La piste en haut de la vallée gravissait brutalement une colline raide et littéralement couverte de pins et de genévriers, alors que le bruit de l'eau vive à travers les arbres restait longtemps audible. Au sommet se trouvait le village, niché dans une dépression au cœur des montagnes, sur fond de sommets enneigés. Il était construit comme un amphithéâtre, avec trente ou quarante petites maisons fortes dressées dans un cirque, toutes leurs façades tournées vers le bas de la colline, comme si elles espéraient assister à quelque représentation sur l'espace ouvert à son pied. Nous étions à environ 3 000 mètres d'altitude, mais le village semblait cosy et confortable, avec ses lourdes portes en bois et son entrelacs de ruelles. Namche Bazar est la capitale des Sherpas. Beaucoup sont les célèbres porteurs de montagne qui sont partis d'ici ou des villages voisins ; en marchant, je relevai d'ailleurs que plusieurs hommes bruns et souriants portaient de curieuses pièces d'habillement de montagne, coupe-vent, chaussures suisses et gros anoraks rembourrés.

J'entendis une voix : « Bonjour, M. Morris. Le major Roberts nous a dit de vous attendre. » Je regardai autour de moi et vis un immense sikh barbu, dans une sorte d'uniforme dont le haut était une veste doublée de fourrure. « Je vous en prie, venez par ici, M. Tiwari souhaiterait vous voir. » Il menait la marche d'un pas soutenu, en dehors de la piste et en traversant plusieurs arrière-cours, montant et descendant au gré des différentes terrasses de construction qui semblaient caractériser la périphérie des villages sherpas, contournant ou longeant des murs peu élevés, empruntant puis quittant de petites allées ; jusqu'à parvenir à un grand bâtiment bas en bois, à l'extérieur duquel bavardaient quelques Indiens portant des uniformes révélant différents grades. Nous entrâmes pour remonter une volée de marches, et là, dans un recoin sombre d'une pièce du haut, se trouvait l'émetteur radio. Il paraissait plutôt puissant, et à proximité était installé un engin évoquant un vélo fixe utilisé pour générer du courant électrique.

M. Tiwari était l'officier de police indien chargé de ce poste certes petit mais non négligeable. C'était un homme trapu emmitouflé dans d'épais vêtements qui me salua aimablement ; il se déplaça lourdement dans la pièce et cria des instructions par la fenêtre et en bas des escaliers, afin que l'on prépare du thé et un assortiment de douceurs. Le message de Hunt à propos de l'oxygène était assurément passé par ce poste de radio, car l'ambassade indienne à Katmandou avait demandé de transmettre tout message urgent de l'expédition. Si je me souvenais bien, il parlait avec Katmandou deux fois par jour. « Que diable aviez-vous donc à raconter ? », demandai-je. Mais discuter de ces choses ne le perturbait pas. En fait, cette petite unité inattendue se trouvait là pour veiller sur la circulation entre le Népal et le Tibet. Namche n'était pas loin du col de Nangpa La, principale porte d'entrée depuis le nord vers l'est du Népal. Un flux constant de trafic franchissait ce passage à plus de 5 700 mètres d'altitude, les caravanes de yaks transportant du riz et des légumes vers le Tibet au nord, et du sel vers le Népal au sud. En 1953, il ne faisait guère de doute que les agents secrets communistes empruntaient ce chemin difficile pour entrer au Népal, et donc en Inde ; et le gouvernement de Delhi tenait naturellement, sur la base de ses accords avec le Népal, à conserver un contrôle sur leurs mouvements. De temps à autre un avion indien passait au-dessus de nos têtes, probablement pour des reconnaissances photographiques, et une fois lors de l'expédition, un appareil ressemblant à un Spitfire s'approcha de la région depuis le nord. Il s'agissait de l'une des frontières idéologiques du monde. Des rumeurs prétendaient que les communistes construisaient des bases aériennes sur le haut plateau tibétain, au-delà des montagnes ; et cette petite station de montagne symbolisait bien la guerre froide.

Tiwari savait tout au sujet d'Izzard, mais je ne pus déterminer s'il avait conclu un accord avec lui pour envoyer des messages. Mais si je le souhaitais, il voulait bien transmettre une courte dépêche à Katmandou pour moi. Elle passerait par l'ambassade indienne d'où elle serait adressée à M. Summerhayes. Je sautai sur l'occasion et me hâtai de taper une brève. Quand elle fut publiée dans le journal deux jours plus tard, un secrétaire de rédaction bienveillant l'avait introduite ainsi : « Namche Bazar (par coursier à Katmandou) » ; donnant ainsi l'avantageuse impression à nos concurrents que nos employés étaient capables de couvrir en courant deux cent soixante-dix kilomètres en quarante-huit heures... Je remerciai les Indiens, nous échangeâmes des compliments et je partis dans le village en quête d'un lieu pour dormir.

Leur attitude me rendait perplexe. Avaient-ils vraiment trouvé un arrangement avec Izzard bien plus tôt ? J'avais exagéré la nature de mes rapports avec l'expédition : mais pourquoi n'auraient-ils pas considéré la proposition d'un autre correspondant venu à Namche alors que j'étais en route pour la montagne ? Toutes les nouvelles que j'enverrais par radio parviendraient-elles réellement à tous leurs destinataires finaux à Katmandou, avec l'assurance que d'autres médias n'en bénéficieraient pas avant nous ? Malgré l'amabilité dont a fait preuve M. Tiwari lors de notre conversation, j'avais la sensation qu'il existait une pointe d'adversité entre nous ; peut-être était-ce dû à sa formation policière ; ou, plus raisonnablement, il est possible qu'il ait cru que je sois là pour un motif politique trouble. Tout cela se révélait très complexe, mais le point essentiel de cette découverte était positif : ici, à quelques jours de marche de la montagne, il existait un outil permettant d'envoyer des messages depuis l'Everest vers la civilisation en seulement quelques minutes, en simplifiant ainsi grandement ma mission. Le seul problème consistait désormais à garantir que les nouvelles voyagent en sécurité et qu'elles parviennent au bon interlocuteur en bout de chaîne.

Mon campement se trouvait sous un porche qui était de loin le plus coté de tout le village, sur la terrasse d'une maison gardée par un vieux marchand accueillant. Une autre tasse de thé m'y attendait, accompagnée de bols de *chang* laiteux offerts par mes hôtes. Un groupe important de Sherpas se tenait debout aux abords de mon lieu de couchage. Au premier rang, il y avait des hordes d'enfants, jolis à regarder malgré leurs nez qui coulaient ; derrière, des adultes en rangs serrés me fixaient du regard, échangeant parfois des commentaires avec leurs voisins, sensibles au moindre geste ou sourire de ma part ; ainsi, l'un d'entre eux pouvait jouer sur leurs émotions comme un acteur devant son public, d'abord en les amusant à l'aide d'une expression critique, puis en les intriguant en mimant la recherche d'une brosse à dents, enfin en les faisant se tordre de rire en imitant l'écroulement imparable du lit de camp. Ils étaient encore là bien après la tombée de la nuit, et je distinguais les hommes à l'arrière qui tendaient le cou pour une meilleure vue ; mais ils finirent par se disperser peu à peu avec la nuit qui avançait, me laissant seul sur mon balcon avec un vieil homme à la barbe blanche, qui portait une casquette richement ornée et doublée de fourrure, et qui fouillait et fouinait dans les innombrables sacs de ses bagages. La nuit était claire et glaciale, et très haut au-dessus du village, partout autour de nous, les montagnes se dressaient.

Allongé calmement sur le dos, seulement dérangé par le déballage des vêtements et le déchirement de papier en provenance de l'emplacement du vieil homme, je me concentrai sur le problème de l'émetteur. Dans un premier temps, il était public, ce qui signifiait que tout ce que j'enverrais par ce moyen ne serait pas confidentiel. Je ne pouvais vraiment me permettre, malgré la courtoisie de M. Tiwari et de ses collaborateurs, d'envoyer des nouvelles importantes *via* cet émetteur « en clair ». Il y aurait forcément des fuites à Katmandou. Supposons que j'envoie des messages codés. Ce serait facile de le faire ; les codes étaient dans ma poche. Mais je réalisai que Tiwari pourrait difficilement accepter de transmettre quelque chose qu'il ne comprendrait pas lui-même. J'avais remarqué qu'il avait lu ma courte dépêche dans l'après-midi avec une attention certaine, et je ne le voyais pas accepter des boniments. Pouvais-je me permettre de lui donner la clé des codes pour son information personnelle ? Je pensais à ces correspondants tenaces et sans scrupule qui pouvaient très bien débarquer à Namche dans les prochains mois ; je me souvins de la conscience professionnelle de M. Tiwari en tant que fournisseur d'informations ; et à contrecœur, je décidai que je ne pouvais pas.

Il n'y avait qu'une alternative, et je me résolus à l'employer en espérant que Tiwari me pardonne un jour. Je devais créer un nouveau code avec des messages cryptés *semblant* être en clair. Les termes d'une information de ce genre seraient parfaitement corrects, mais pas leur sens. Cela signifiait que pour chaque mot ou formule que je voulais crypter, je devais inventer une phrase code, afin qu'une série de plusieurs mots ressorte comme une phrase sensée. Comme il s'agirait d'un procédé plutôt complexe, et parce que je ne pourrais évidemment en user qu'une ou deux fois, je décidai qu'il me fallait renoncer à utiliser moi-même l'émetteur, laissant ainsi croire aux Indiens, jusqu'au dernier message décisif de succès ou d'échec, tout en faisant croire à la pression de quelque contrainte psychologique, que seule la réussite m'importait. Voici donc le code que je conçus, m'autorisant seulement à informer Londres que l'Everest avait été gravi, à partir des noms des membres du groupe d'assaut vainqueur :

Message d'introduction : mauvaises conditions de neige
Band : col Sud intenable
Bourdillon : face du Lhotse impossible
Evans : camp sur l'arête intenable
Gregory : retraite vers la combe Ouest
Hillary : camp de base abandonné
Hunt : camp V abandonné
Lowe : camp VI abandonné
Noyce : camp VII abandonné
Tenzing : attente d'amélioration
Ward : d'autres nouvelles à venir
Westmacott : assaut reporté
Wylie : dégradation de la météo
Sherpa : attente d'approvisionnement en oxygène
Tout le reste est authentique

Je tapai seulement trois copies de ce code, en gardant deux pour moi. Plus tard, je le scellerais dans un des multiples conteneurs pour le confier au coursier le plus fiable que je trouverais ; qui, avec l'expérience propre aux meilleurs, l'apporterait à Katmandou à la vitesse de l'éclair pour le remettre en toute sécurité à Hutchinson.

Le vieil homme marmonnait dans l'ombre et on entendait des pièces tinter. Je traversai le porche pour lui parler. Les contenants de ses bagages l'entouraient et il comptait maintenant son argent. Il manipulait d'étranges pièces, gravées de signes bizarres et de lettres, et de temps en temps il examinait un billet ridé, épais avec de gros caractères, semblable à un vieux parchemin. Il s'agissait d'argent tibétain, et le lendemain le vieil homme partirait avec sa petite caravane de yaks, franchissant le Nangpa La pour entrer dans ce pays énigmatique.

« *Venez avec moi, sahib!* dit-il en se penchant vers ses divers sacs. *Je vous emmènerai là-bas demain et vous pourrez m'aider dans mes affaires. Nous partirons tôt, à l'aube, et nous voyagerons rapidement! Pourquoi aller dans les montagnes? C'est tellement difficile... Venez avec moi!* »

Mais je déclinai, incapable de lui expliquer pourquoi je ne reviendrais jamais, tout en l'aidant à rassembler ses possessions éparpillées; et après avoir partagé la dernière gorgée de *rakshi* présente au fond de ma bouillotte, nous nous quittâmes pour dormir.

5.
ARRIVÉE

Le camp de base avancé de Hunt à Tengboche se trouvait à quinze bons kilomètres de Namche en montant, et je repartis le lendemain vers le nord. Si j'avais vu l'Everest durant la marche, j'étais assez ignorant pour ne pas l'avoir reconnu… Mais depuis la crête juste au-dessus de Namche, il n'y avait plus d'erreur possible. Il se dressait là, énorme cône biscornu qui en imposait, à la fois lourd et anguleux. L'immense mur rocheux du Lhotse dissimulait son socle, et de l'autre côté, s'étirant à l'horizon, s'élevaient de superbes pics enneigés, chaîne après chaîne. Un panache de neige s'envolait depuis le sommet de l'Everest, comme un drapeau dans le vent ; dans ce cadre si magnifique (diffus dans une brume légère comme l'était toute la scène), il me sembla que Chomolungma, comme les Sherpas appelaient notre montagne, attendait notre arrivée avec une attitude troublante de défi.

Tengboche se situait au sommet d'une colline dominant la confluence de deux torrents, et le sentier qui y menait s'avérait d'une raideur éprouvante. L'altitude – environ 3 800 mètres – suffisait pour incommoder le nouveau venu non accoutumé à ces hauteurs, et je m'aperçus que j'étais à court de souffle et indisposé. Je m'arrêtais souvent dans des bosquets de genévriers pour boire une grande tasse d'eau et méditer ; et souvent de joyeux Sherpas descendaient sur le sentier pour me regarder curieusement ; mais le chemin pour gravir la colline me paraissait terriblement long. Les pauvres porteurs de Katmandou trouvaient aussi ça dur. C'était une altitude à peu près maximale pour ces hommes des vallées qui n'aimaient pas voyager haut. Plusieurs d'entre eux avaient déjà déserté durant la nuit, laissant leurs fardeaux pris en charge par des Sherpas avides et volontaires ; les autres poursuivaient leur labeur, respirant lourdement, en exprimant parfois des velléités de mutinerie.

Mais après une heure ou deux d'ascension, nous débouchâmes sur le plateau chatoyant qui couronnait la colline ; ici se tenait le monastère de Tengboche, un lieu très sacré pour les bouddhistes de cette région. En termes de sainteté, ce monastère était comparable à son homologue à Rongbuk, en versant tibétain de l'Everest, et le site était préservé comme un sanctuaire, où nul ne pouvait porter atteinte à une créature vivante, pas même les Sherpas dont le bouddhisme était parfois plus laxiste. Le monastère avait l'air plutôt délabré, car les bâtiments désordonnés qui l'entouraient s'effondraient un peu, et les piles de pierres servant à maintenir les toits laissaient augurer un début d'abandon. Mais une belle boule en or surmontait le bâtiment central, en face duquel se trouvaient deux majestueux chortens, des lieux saints, en bordure du site. On voyait un peu partout des champs où les primevères resplendissaient, et les versants de la colline étaient couverts de forêts épaisses où se mêlaient mélèzes, pins et genévriers. Des cerfs porte-musc et des faisans arpentaient les fourrés. Éclipsant tout ce havre de verdure, en conférant à la scène une dimension autant dramatique que merveilleuse, les pics himalayens se dressaient, tels des dieux vigilants.

Un moine accueillant en toge roussâtre m'entraîna dans un des bâtiments annexes et me servit à plusieurs reprises du thé chinois et du *rakshi*. Son visage replet et espiègle ne manquait pas de charme, et il s'enveloppait dans ses vêtements sales avec l'air d'un satyre à peine sortie d'une orgie… Nos langues respectives ne favorisaient pas les échanges ; mais il ne cessait de parler, intarissable, avec une gravité insistante, et au bout d'un moment, je me rendis compte qu'il avait une de ces requêtes propres aux religieux à émettre : serais-je disposé à faire un don pour la réparation du toit ? Je soupçonnai qu'il existait quelques associations dédiées à la préservation du monastère de Tengboche, mais sûrement pas des commissions archiépiscopales pour protéger ses structures pourrissantes ; je m'acquittai donc volontiers de mon obole, et sans tarder, en ondulant un peu, sans doute à cause du *rakshi* je pense, il me ramena à l'extérieur dans un champ.

Où un deuxième accueil m'attendait. Dans un pré attenant je pouvais voir le campement de l'expédition. Il y avait une grosse tente jaune pyramidale, d'autres plus petites, des tas d'équipement varié, des Sherpas et des porteurs qui se déplaçaient ; il se dégageait une sensation générale de préparation acharnée, et l'ensemble était dûment surmonté d'un grand drapeau du Royaume-Uni. Une solide clôture en corde avait été installée autour du camp, pour interdire l'accès à tous les Sherpas qui se tenaient là, pétrifiés comme des bouseux devant une kermesse populaire. Et quand je me dirigeai vers l'entrée, un homme sortit à ma rencontre. Agile et empressé, se déplaçant vivement et élégamment, il portait un pantalon de golf et un grand chapeau de feutre. Alors qu'il approchait, son visage se fendit d'un sourire éclatant, et il me tendit la main pour me souhaiter la bienvenue : « Bonjour Monsieur. Bienvenue ! Je m'appelle Tenzing ! »

Je me souviens toujours avec plaisir de ma première vision de cette personne illustre, ici dans son propre pays, si enthousiaste, stylé et intègre, un homme resté simple et pur malgré la notoriété qui l'entourait déjà. Il avait alors trente-neuf ans mais paraissait moins âgé, et semblait incarner la vie saine en montagne ; je l'ai d'ailleurs toujours plus considéré comme une fabuleuse créature des neiges que comme un représentant de notre espèce humaine si ordinaire. Ce n'était pas du snobisme racial, comme diraient les Indiens chauvins ; c'était de l'humilité biologique. Et, ayant la sensation qu'un Obéron me guidait dans les bois, je suivis Tenzing dans le camp et rejoignis l'expédition.

Il manquait des participants. Les alpinistes effectuaient des essais d'acclimatation, ici et là dans les montagnes environnantes. Une équipe menée par Edmund Hillary réalisait une première incursion sur la cascade de glace de l'Everest. Quant à Hunt, il se trouvait quelque part en haut du glacier du Khumbu, la rude « route nationale » qui reliait Tengboche au pied de la montagne. La plupart des autres acteurs stationnaient au camp, testant leur système d'oxygène, se livrant à d'obscures tâches sur des pièces d'équipement, parlant beaucoup du comportement des grimpeurs, un sujet qui semblait toujours revenir, tôt ou tard, à quelque chose appelé « *The Climbers' Club Hut at Helyg*[11] ». Bien entendu, on

11 N.D.T. Le « refuge du club des grimpeurs à Helyg ». Fondé en 1898, le Climbers' Club est le plus ancien club d'escalade d'Angleterre et du Pays de Galles. Le refuge (*hut*) d'Helyg, au Pays de Galles, fut le premier construit à l'attention des grimpeurs : à son apogée dans les années 1920, il a également servi de base d'entraînement à l'expédition de 1953 à l'Everest dont il est question dans cet ouvrage.

m'a souvent demandé à quoi ressemblaient *réellement* les membres de l'expédition à l'Everest, et je me suis toujours senti à contre-courant en répondant sans conviction que *tous étaient des mecs vraiment sympas et drôles, vous savez.* Mais il me faut bien l'avouer, après deux ou trois mois en leur compagnie, dans la rigueur des pierriers et des dangers de la cascade de glace, j'ai développé une franche aversion à l'égard de ceux du *Climbers' Club Hut at Helyg.* Ce nom n'évoque plus en moi que des soirées banales aux tristes perspectives ! Ou bien des conversations qui allaient de Schools à la face ouest du Grymwych pour encore revenir à Schools ! Combien me parurent ennuyeux les bavardages sur les vieilles voitures de sport, combien le thé touillé avec une cuillère courbe me sembla affligeant, ou la bière tiède bue à la canette ! « *Ah,* disaient-ils, *mais il faut être grimpeur pour comprendre !* » Si je l'étais, je serais un grimpeur riche, et je séjournerais dans le meilleur hôtel, on me conduirait jusqu'à la paroi rocheuse et je reviendrais comme les vieux héros de l'Everest au poulet en gelée ! *The Climbers' Club Hut at Helyg* ! Grrr !

Mais je ne veux pas donner l'impression que la soirée à Tengboche fut sans intérêt. En aucune façon, elle fut au contraire somptueuse. La grande tente, dans laquelle on m'avait aménagé un emplacement, était chaude et confortable. La nourriture était excellente, œufs brouillés et boudin. Les flammes du feu de bûches et de branches montaient haut, attisées par de fréquentes giclées d'oxygène venues d'une bouteille opportune. La conversation couvrait un large spectre et la réception comprenait des participants issus de nombreux secteurs. Notamment des militaires, des médecins, un neurochirurgien, un statisticien agricole, un photographe de plateau, le directeur d'une agence de voyages, un géologue, deux instituteurs, une sommité en missiles téléguidés, un apiculteur et moi. Nous pouvions aborder absolument tous les sujets. Je me souviens très bien de discussions sur la *Plymouth Brethren*, les courses, la philatélie, le coût de l'éducation, le développement social dans la Navy, Liverpool, Edgar Allan Poe et le *Climbers' Club Hut at Helyg*. Si Wilfrid Noyce savait parler avec l'élégance d'un poète de Charterhouse[12], Michael Westmacott pouvait révéler à combien de « pieds cubes » de navets équivalait une livre d'un porc de taille moyenne. Je crois pouvoir dire qu'il y eut quelques moments de chamailleries entre ces hommes ; ceci dit, je pense ne pas les avoir entendues, ou bien je les ai oubliées ; je ne me souviens en fait que d'un épisode de vif désaccord. Le groupe n'avait pas seulement été choisi pour ses compétences en alpinisme, mais aussi pour ses capacités à partager en bonne entente ; et en tant que passager je peux témoigner de sa bienveillance.

Tenzing, dont l'anglais limité ne lui permettait pas de prendre réellement part à ces conversations, m'avait trouvé un serviteur sherpa qui resterait avec moi durant toute l'expédition. Il s'appelait Sonam et venait du village de Chaurikharka, quelques kilomètres en aval dans la vallée. C'était un petit homme râblé, affable et parlant doucement, qui n'était plus d'âge à grimper à très haute altitude, mais toujours bien disposé et travaillant rapidement. Nous avons vécu en très étroite collaboration durant les trois mois suivants, et je n'ai jamais eu la moindre raison de me plaindre ; et plus tard, il m'a invité chez lui. Sonam rassemblait autour de lui un groupe de Sherpas agités et souriants avec de longs cheveux tressés derrière la tête, leurs capes soigneusement repliées sur eux. Tous les porteurs népalais avaient été payés et rentraient chez eux. Ce sont donc ces solides Sherpas (et leurs femmes) qui porteraient mes bagages plus haut sur le glacier jusqu'au pied de la montagne.

12 N.D.T. Prestigieuse école privée d'Angleterre fondée à Londres en 1611 et aujourd'hui située à Godalming dans le Surrey.

Hunt avait insisté pour que je ne dépende pas de lui en termes de nourriture et d'équipement. Dès lors, outre mes sacs, je devais aussi prévoir le transport des réserves de bois qui devaient être acheminées depuis la limite des arbres jusqu'en haut du glacier. Mon peloton comprenait également six hommes entreprenants et athlétiques, vifs et en pleine forme, qui avaient accepté d'être mes messagers. Je les avertis que si la route vers Katmandou s'avérait malaisée, il leur faudrait voyager à travers la jungle du Teraï vers l'Inde. Ils hésitèrent alors, redoutant les brigands, les animaux sauvages et la malaria. Je remis à chacun d'eux un paquet de tablettes contre la malaria et une avance sur leur paye ; sur ce ils acceptèrent, à condition que je les envoie sur cet itinéraire uniquement en dernier recours. C'était une équipe géniale, ma bande de Sherpas, toujours honnêtes et fidèles.

Charles Evans et Alfred Gregory partaient le lendemain matin pour la montagne et me proposèrent de venir avec eux. Pour être honnête, j'étais surtout impatient de paresser quelques jours dans les prairies. Bien que j'aie toujours admiré la célèbre motivation de Mallory en vue de gravir l'Everest[13], j'étais convaincu qu'il n'aurait pas bougé la semaine prochaine... Mais, j'ai honte de l'admettre, j'acceptai leur invitation. Nous partîmes tôt le matin suivant, pour flâner dans les bois délicieux de Tengboche, accompagnés des odeurs fraîches et agréables du petit jour. Le sentier herbeux se piquetait de primevères bleues ; j'en cueillis quelques-unes pour les envoyer à ma femme à la maison. Régulièrement, d'étranges gazouillis venus de la forêt révélaient la présence d'oiseaux cachés, et parfois, nous vîmes furtivement des cerfs. Contrairement aux porteurs de la vallée, mes Sherpas se déplaçaient maintenant au moins aussi vite que

13 N.D.T. « Car il est là. »

moi. Mon matériel se réduisait à l'essentiel : une machine à écrire, un lit de camp, un récepteur radio, un talkie-walkie avec une antenne et un trépied, quelques livres, beaucoup de papier et de carbone, quelques articles de montagne bon marché, deux sacs de couchage et deux « camions de déménagement » remplis de trésors... Pendant l'expédition je portais des pantalons de velours côtelé, et sur ma tête un chapeau souple en feutre que j'avais acheté pour quelques roupies à Delhi, et dont j'avais découpé la doublure usée. C'était une agréable journée de beau temps et nous marchions gaiement dans les bois.

Il fallait compter environ trente-cinq kilomètres de Tengboche à la base de l'Everest, et la première partie de ce périple se déroulait dans une région très verte ; mais peu à peu les arbres se raréfiaient, l'herbe disparaissait et le froid glacier du Khumbu approchait. Non loin de Tengboche se tenait un groupement de petits bâtiments perchés au sommet d'une butte, une piste passant à proximité. Quelques moutons broutaient, et une vieille bonne femme chauve et édentée, vêtue d'un supposé habit monastique, échangea au passage quelques mots austères avec nous. Nos Sherpas expliquèrent qu'il s'agissait d'un couvent bouddhiste, habité, comme le monastère, uniquement par des garants de la pureté absolue et de l'éveil spirituel. Moins d'un kilomètre plus loin se trouvaient de nouvelles habitations, cette fois grouillantes de Sherpas avec leurs enfants, un lieu débordant de joie. Mais qu'était-ce donc, désormais ? Je demandais aux Sherpas. Oh, c'était un autre endroit, où résidaient des moines et des nonnes dont la foi manquait finalement de conviction...

Peu après, la piste quittait la colline, franchissait un torrent par un robuste pont tibétain, et laissait la place à une vallée verdoyante marécageuse, dominée par les pics sauvages du

Taweche et de l'Ama Dablam. Il y avait quelques abris pour les troupeaux de yaks, de petites structures carrées avec des enclos pour les animaux. Un peu partout la vallée se ponctuait des silhouettes sculpturales des yaks, qui semblaient apprécier de vivre ainsi seuls dans l'étendue sauvage en contemplant l'éternité. On m'invita à acheter un yak, à le charger avec tout mon équipement, à le mener sur le glacier jusqu'à 6000 mètres, pour enfin le manger ; mais en voyant ces bêtes qui semblaient si gentilles et éprouvées depuis longtemps par la souffrance, à la fois si rudes et si douces, je ne pus m'y résoudre. Au lieu de cela, Sonam acheta quelques lanières de viande de yak : et ce soir-là, alors que nous étions à l'abri dans une cabane, il la cuisina et la mêla à une énorme quantité de purée de pommes de terre, tout en l'accompagnant d'un légume rare appelé oignon de Tengboche. C'était excellent ; et comme j'avais emporté plusieurs boîtes de lait malté, la journée s'acheva sur une note nostalgique de vie de famille en berne, où l'on souhaita presque voir les Sherpas relever leurs cheveux en chignons ou sortir le chat…

Nous poursuivîmes le lendemain vers le glacier. Il a été décrit à de nombreuses reprises depuis, mais dans mon souvenir cela reste un lieu glacial et perturbant. Un énorme éboulis morainique indiquait son cours, et au-dessus de ce terrain malcommode, il fallait sauter, se faufiler et glisser pour trouver son chemin ; une progression épuisante. Disséminés dans le paysage, mais toujours plus hauts et larges alors que nous montions, des pinacles et des tours de glace se dressaient droit depuis le sol ; parfois isolés, tels des doigts menaçants, parfois regroupés ou formant des cavités, l'intérieur d'un tel dédale évoquant les racines d'un banian où choisir son chemin relevait du casse-tête. C'était un univers ubuesque et déprimant, que l'altitude rendait encore plus déplaisant. Nous nous trouvions désormais à 5 000 mètres, une altitude inconfortable pour un novice. J'éprouvais le plus grand mal à respirer plus nous avancions, simplement relacer une chaussure m'essoufflait, et je rechignais de plus en plus à me remettre en marche. Les montagnes étaient maintenant si proches de chaque côté qu'il était difficile d'en apprécier la beauté des formes ; et en fin de compte nos perspectives n'étaient pas réjouissantes.

Sur le glacier nous rencontrâmes Hunt, redescendu du camp de base au pied de la montagne. Il offrait un spectacle bizarre car son visage était couvert d'une couche épaisse de crème solaire, lui donnant l'apparence d'un clown distingué, ou d'un acteur jouant quelque rite glaciaire barbare. Il avait raison d'utiliser une telle quantité de pommade. Mon propre visage se craquelait et pelait sous l'action du soleil et mes lèvres gonflaient douloureusement. Hunt était un homme honnête et sérieux, un leader sincèrement inspiré, un remarquable organisateur et une personne habitée d'un profond sentiment religieux. Je l'ai très peu approché tout au long de l'expédition, en évitant de paraître désinvolte ; c'était un peu incongru, comme errer dans la *Royal Society* en lisant *True Confessions*[14]. J'avais toujours apprécié le choix de H. W. Tillman, usant d'une citation de Chesterton en préambule de son compte rendu de l'expédition de 1938 à l'Everest : « *Pourtant, je crois que cette vaste entreprise a quelque chose d'humain et d'excusable ; et quand j'essaie d'analyser la raison de ce sentiment, je trouve qu'il s'explique, non pas parce que la chose était grande, hardie ou couronnée de succès, mais par le fait que la chose était parfaitement inutile pour tout le monde, y compris celui qui l'a menée à bien.* » Mais nul ne songerait à rappeler cette sensation en présence de John Hunt. L'acte n'était que l'ascension d'une montagne, mais en y apportant sa touche

14 N.D.T. Magazine féminin.

personnelle, il la rendit extrêmement importante ; comme si le salut des âmes ou des empires dépendait de la montée de dizaines de kilos de tentes à une altitude aussi élevée. Il était l'autorité et la responsabilité personnifiées. Existe-t-il un leader unificateur dans la mythologie de notre psyché ? Si oui, il en était l'expression. En moteur du devoir il me semblait invincible ; quelle que soit la tâche qui lui était confiée, la construction d'un poulailler ou la traduction d'un testament en araméen, il commençait par aborder la mission en l'étudiant avec la plus grande minutie, puis mettait en œuvre sa méthode pour l'achever.

Il nous informa que le groupe de Hillary s'était enfoncé dans la cascade de glace, la grande barrière de blocs de glace en perpétuel mouvement qui constitue le premier et le plus dangereux obstacle sur l'Everest. Hillary et l'autre Néo-Zélandais, George Lowe, avaient atteint un camp plus haut sur le glacier, que nous allions retrouver le lendemain. Tout semblait assez bien se passer. Le sommet de l'Everest, qui se dressait désormais clairement au-dessus de l'arête du Nuptse, était gris et sans neige ; mais c'était surtout parce que les vents violents du printemps soufflaient encore, le débarrassant de la neige et le préservant imparablement des intrus. Il ne semblait exister que deux courtes saisons dans l'année permettant l'ascension de l'Everest, pendant les périodes avant et après la mousson, durant lesquelles les vents faisaient provisoirement relâche. Je demandais à Hunt ce qu'il adviendrait si l'assaut d'avant-mousson échouait ? Referait-il une tentative à l'automne ? Il répondit que l'Everest était réservé aux Britanniques durant toute l'année 1953, et qu'il y aurait certainement un autre essai (après une période de réorganisation) en cas d'échec ce printemps ; en Angleterre, des alpinistes de réserve se préparaient déjà à cela. Ensuite, viendrait le tour des Français, qui avaient la permission de venir à l'Everest en 1954. Hunt resta avec nous pendant une heure ou deux, me racontant le déroulement des opérations jusque-là, puis il repartit plus haut sur le glacier.

Moins rapide, notre progression ralentie par nos colonnes de Sherpas et de Sherpanis fut retardée par un changement de météo. Le soleil avait brillé ardemment jusqu'à maintenant et la température était supportable ; mais il commença à neiger en fin d'après-midi. Le glacier se voilait d'une lumière brumeuse, les pinacles de glace nous scrutaient de manière suspecte à travers la grisaille, et les grandes montagnes n'apparaissaient plus que ponctuellement entre les nuages. De gros flocons venaient se poser dans notre trace, mouillés et froids ; bien vite ils recouvrirent le sol d'une couche épaisse, et le chemin s'évanouit totalement. Cette nuit-là, notre emplacement de bivouac se trouvait près d'un petit lac, curieusement jamais gelé d'un bout à l'autre de l'année, à quelque 5 200 mètres d'altitude, et à l'heure de notre arrivée notre équipe était dans un piteux état. Les capes de laine des Sherpas étaient trempées, et les chevelures torsadées de leurs femmes moites. La neige recouvrait les sacs sur leurs dos et coulait à travers la laine joliment brodée de leurs chaussures tibétaines.

Dans de telles circonstances, Camp Lake était un lieu lugubre et inhospitalier. Deux tentes étaient montées au-dessus du lac, et les trois Néo-Zélandais aux visages larges et hilares, vêtus de façon excentrique, en émergèrent pour nous saluer. Il n'y avait rien d'autre sinon quelques murs bas de pierres branlantes, derrière lesquels des voyageurs précédents avaient allumé des feux. Nous étions très au-dessus des dernières habitations, et tout était rude et sans vie. La neige s'était transformée en blizzard, férocement aidé à travers la vallée glaciaire par un vent vicieux. C'était particulièrement désagréable.

Mais les Sherpas ne se laissèrent pas abattre. Jetant leurs charges derrière les rochers, ils se dispersèrent parmi les aiguilles et les blocs ; et peu de temps après, depuis d'improbables gouffres et des trous cachés, montèrent les lueurs des feux de camp et l'odeur des pommes de terre sautées. Les femmes se remuaient autant que les hommes, avec des sourires toujours aussi larges et des voix grainées à souhait. À la tombée de la nuit, je me glissai hors de ma tente, emmitouflé dans mes vêtements coupe-vent, et je partis en marchant silencieusement dans le camp, me prenant pour Henri V ; les Sherpas étaient allongés là, serrés les uns contre les autres dans leurs capes, recroquevillés comme des huskies derrière des tas de pierres ou des blocs, dormant paisiblement alors que la neige s'amoncelait sur leurs corps.

Les alpinistes dans la cascade de glace ressemblent à des fourmis dans l'immensité du paysage. (Don de la famille Koorey)

À notre réveil le lendemain, le soleil brillait de nouveau, mais nous devions faire face à un nouveau danger. La lumière du soleil sur la neige fraîche est dangereuse, car son reflet peut causer une cécité temporaire tout en étant extrêmement douloureuse. Les sahibs de la caravane avaient leurs lunettes et leurs masques d'altitude, tout comme les Sherpas alpinistes. Mais les pauvres porteurs subalternes, simplement engagés pour transporter les bagages au camp de base, ne bénéficiaient pas de telles protections. Déjà, avant le début de la marche, ils ressentirent l'excès de lumière et nous demandèrent des lunettes. Je distribuai les lunettes de rechange dont je disposais, et les grimpeurs partagèrent leur propre réserve ; mais nous étions loin d'en avoir assez pour cette armée de deux cents hommes et femmes. Nous improvisâmes. Certains Sherpas attachèrent de curieux morceaux de cellophane coloré sur leurs yeux. D'autres utilisèrent des pièces de tissu. D'autres protégèrent leurs yeux avec du papier journal. D'autres encore employèrent des bouts de carton, laissant seulement des trous d'épingle pour les yeux. Enfin, d'autres fixèrent simplement leurs nattes autour de leurs visages, leurs yeux pointant à travers les cheveux. Ainsi, franchement semblables à de drôles de paroissiens, nous poursuivîmes cahin-caha plus haut sur le glacier ; et sans trop attendre, une légère pellicule nuageuse assombrit un peu la lumière.

La remontée de cette trace parut durer une éternité, mais finalement nous aperçûmes très loin un rassemblement de tentes. Une grande tente pyramidale trônant au centre, entourée d'autres plus modestes, et des toiles avaient été tendues au-dessus d'une petite structure de pierres pour former une cuisine. Les tentes se tenaient sur une butte morainique dans le prolongement de l'éperon du Nuptse, raison pour laquelle on pouvait les voir de loin depuis la vallée en contrebas. En arrivant à proximité, nous avons noté une petite silhouette en anorak bleu dans une goulotte sur la droite, et entendu dans l'immobilité de la glace quelques bribes de conversation. Mais nous n'y étions pas encore. Le haut du glacier était littéralement encombré de formations glaciaires aux arêtes coupantes, au point qu'il fallait sans cesse faire des détours, ou crapahuter dans des dépressions imprévues. Je voyais ces maudites tentes depuis une demi-heure quand je parvins enfin au dernier obstacle, un passage étroit et glissant à travers un bloc de glace, et après une brève marche maîtrisée à travers la moraine, je m'écroulai dans une tente. L'altitude m'avait tout simplement épuisé. Le glacier n'était pas très difficile, et les semaines suivantes, en étant mieux acclimaté, je finis par y évoluer tel un chamois empoté. J'appréciai beaucoup la grande tasse de thé fumant que l'on m'apporta, la première depuis le terminal d'envol de Victoria.

Je ne qualifierais pas le camp de l'Everest de site merveilleux. Il était trop mort et loin de tout pour être beau, on aurait dit qu'une maladie redoutable l'avait frappé en tuant toute forme de vie à l'horizon, puis qu'une vaste opération sanitaire avait été organisée ; on avait ainsi la sensation que l'on avait privé le lieu de vie avant de le stériliser. Juste au-dessus du camp débutait la cascade de glace de l'Everest, une masse de glace enchevêtrée se tordant au sud pour former le glacier du Khumbu. Le haut de la vallée se composait d'une part de lacs glaciaires et de pinacles, d'autre part d'amas d'éboulis issus de la moraine sur laquelle le camp était installé. Tout autour, fermant cette même vallée, se dressait un magnifique cirque de pics enneigés ; le plus beau était le Pumori, une montagne sereine et élégante qui doit son nom à Mallory.

Bien au-dessus de nos têtes se tenait la plus romantique de ces merveilles, le Lho La. Ce col étroit, entre la masse de l'Everest et le pic du Lingtren, se trouvait à la frontière. Le Tibet se trouvait donc derrière. Sa lèvre se bordait d'une épaisse barre de séracs cornichée, laissant penser que le simple passage d'un homme suffirait pour la précipiter dans la vallée : nul n'avait jamais osé le traverser. Guy Bullock l'avait atteint depuis l'autre versant en 1921, photographiant la face sud de l'Everest alors inconnue. La même année, Mallory vit aussi notre versant depuis un col voisin ; émerveillé par les montagnes népalaises, il écrivit enthousiasmé dans son journal : « Le monde est grand ! » On se dit alors que presque tous les mystères étaient levés, et qu'il restait une région presque entièrement à découvrir.

Camper à cet endroit revenait un peu à vivre parmi les montagnes de la lune. Le glacier s'étirait vers le sud comme une tache sur une carte de cet astre, les étoiles semblaient plus proches et plus nettes, et cette aventure semblait s'auréoler d'imaginaire, maintenant que les montagnes, si j'ose dire, campaient avec nous. Quand la lune elle-même se leva, de peur que sa réputation en souffre, elle rougeoya, énorme et étincelante parmi les pics, scintillant sur tous les remparts de glace qui composaient le sol chaotique. Le matin, le soleil était généralement chaud ; l'après-midi, la neige se mettait à tomber ; la nuit, la température descendait largement en dessous de zéro. Régulièrement nous entendions au-dessus de nous des bruits de grondement et d'écroulement, et sur le versant de la montagne se formait un nuage de neige, de glace et de rochers brisés, témoin de l'avancée d'une avalanche.

De nombreux kilomètres et plusieurs centaines de mètres de dénivelé nous séparaient des zones régulièrement habitées ; mais on comptait quelques créatures indigènes au camp de base. La célèbre araignée sauteuse du Népal, l'arachnide qui vit le plus haut sur Terre, se logeait sans doute dans les rochers. Des craves à bec rouge volaient au-dessus de nos têtes ou venaient picorer dans les restes et les épluchures de pommes de terre du camp. Une fois, un vol de cigognes nous survola en direction du Tibet. « Elles vont chercher du sel », expliquèrent sérieusement les Sherpas. En se glissant rapidement parmi les blocs de la moraine, on pouvait parfois apercevoir furtivement un rat sans queue du Tibet, mignonne bestiole de couleur brune assez semblable à un hamster avec un nez renifleur et des moustaches. Sinon, nous étions tous des êtres humains, les treize membres de l'expédition, la trentaine de porteurs d'altitude, quelques épouses et enfants les accompagnant, et ma propre petite équipe de suiveurs. D'étranges personnes nous visitaient parfois, et des hommes assuraient un service régulier pour apporter du bois alimentant l'énorme tas de bûches et de branches qui dominait (quand il arrivait à saturation) l'ensemble du camp.

Ce serait mon quartier général, identifié ainsi en référence dans le journal : « Camp de base, Everest. » Je montai ma tente un peu à l'écart des autres pour éviter de déranger qui que ce soit, et j'installai mon récepteur radio à l'intérieur, avec l'antenne sur son haut trépied à l'extérieur. Cela semblait formidablement opérationnel, et je me dis que ce serait utile pour écouter Radio Ceylan, qui disposait du plus puissant émetteur de cette partie de l'Asie. Mes livres, mon papier et ma machine à écrire étaient entassés près de mon lit, et sous ce dernier, formant des bosses assez inconfortables à travers la toile, se trouvait mon argent dans ses boîtes.

Hunt avait souhaité que je sois autonome, et je me préparai à manger ma viande de yak, seul mais digne ; mais, sans que je puisse l'expliquer, ce programme ne fut pas respecté, et, nanti de mes boîtes, je me retrouvai à partager mon repas avec les autres membres de l'expédition. Le soir, nous dînions dans la grande tente, dans une semi-obscurité, seulement grâce à la lueur vacillante d'une lampe. Le matin, nous sortions nos œufs par un soleil ardent, pour nous asseoir sur des caisses et manger la nourriture juste sortie des emballages, observés par les rats sans queue. Il s'agissait des premières phases de notre aventure, et nous étions désormais presque tous réunis au camp de base. La première équipe de reconnaissance s'était engagée dans l'inconnu de la cascade de glace, et la voie qui la remontait avait été jalonnée, jour après jour, à l'aide de petits drapeaux rouges. Ensuite, quand l'itinéraire serait vraiment prêt avec l'ajout des cordes fixes, des échelles et des ponts nécessaires, les robustes Sherpas commenceraient à transporter de l'équipement pour installer des camps intermédiaires plus haut sur la montagne.

Bien que j'aie travaillé sur l'inventaire à Katmandou, j'étais désormais bien forcé de reconnaître que la logistique tenait une place essentielle dans l'ascension de l'Everest. Autour de nous sur la moraine se trouvait un incroyable ensemble de choses, toutes parfaitement conditionnées dans des caisses sur lesquelles on pouvait lire : « Expédition britannique à l'Everest, 1953. » Il y avait vraiment de tout, de la carabine de tir sportif à la paire de lacets, mais tous ces stocks étaient éclipsés par les innombrables bouteilles d'oxygène bien rangées en piles dans un coin. Le succès sur l'Everest dépendait de l'acheminement de la bonne quantité de cet équipement au bon moment au bon endroit, avec en outre des hommes en forme et résolus à s'en servir. Lors de l'une de mes premières soirées avec l'expédition, j'en arrivai à cette vérité fondamentale ; car à l'ombre de ma tente, je tapais à la machine, pour les distribuer aux grimpeurs, les tableaux de répartition des charges de Hunt, un ensemble complexe de chiffres, de dates et de poids qui se rattachait plus, à mon sens, à Camberley[15] qu'à Chamonix.

15 N.D.T. Siège de la fameuse Académie royale militaire de Sandhurst.

Mais pour l'heure ces fournitures considérables attendaient, et les alpinistes sondaient et jalonnaient la cascade de glace. Je fus réveillé le lendemain par un fracas de bruits métalliques, et en regardant par le rabat de ma tente, je vis deux silhouettes en tenues coupe-vent bleues en train de progresser sur la moraine. Michael Ward et George Band partaient pour la cascade de glace, cordes de montagne enroulées autour de la ceinture et lunettes remontées sur le front. Leurs joues étaient blanches de crème solaire au-dessus de leurs barbes de quelques jours ; leurs crampons, inutiles tant qu'ils n'étaient pas sur la cascade de glace, étaient fixés aux têtes de leurs piolets, et le tout cliquetait alors qu'ils marchaient, véritables chevaliers en armure. Deux petits écuyers se précipitèrent sur leur passage pour leur serrer la main : il s'agissait en réalité de Sherpas portant des vêtements en duvet qui leur souhaitèrent bonne chance. Ils cliquetèrent ainsi en s'éloignant, leur voix résonnant parmi les pinacles de glace, jusqu'à ce qu'ils bifurquent dans le labyrinthe et disparaissent de notre vue.

J'aurais bientôt l'occasion de les suivre car je planifiais de faire assez vite une première ascension de la cascade de glace ; mais je voulais d'abord me faire une idée plus précise de mon environnement montagneux. Sur l'autre versant de la vallée se dressait le Pumori et son épaisse calotte neigeuse. La partie basse de sa masse était exclusivement rocheuse et faisait la jonction avec les éboulis de la moraine, il serait dès lors facile d'atteindre une terrasse commode sur son flanc pour observer à distance la forteresse de l'Everest. Je partis donc avec Sonam tôt le lendemain matin pour traverser le glacier et parvenir à cet objectif. Une tâche épuisante car j'étais encore mal acclimaté, et l'arête que j'avais choisie comme but culminait à quelque 6 100 m. La moraine était un calvaire car il fallait surmonter de hautes crêtes entrecoupées de ravines schisteuses glissantes ; sa traversée exigea beaucoup d'efforts avant de débuter l'ascension proprement dite. Vers midi, alors que nous approchions de l'arête, j'avais tellement de mal à respirer que je titubais désespérément d'un bloc à l'autre, m'appuyant sur chaque gros rocher pour reprendre mon souffle ; mais nous touchâmes finalement au but pour nous étendre sur le dos et profiter de la vue. Nous avions emporté quelques biscuits et de la confiture ; et de temps en temps, après avoir mélangé un peu de confiture et un biscuit écrasé, nous y ajoutions une poignée de neige pilée pour nous délecter d'une sorte de sandwich givré...

La monstrueuse montagne se tenait là ; pour la première fois, je pouvais entièrement l'observer. Elle semblait me regarder de travers. Mallory disait qu'elle évoquait un croc prodigieux, une excroissance de la mâchoire de la Terre ; elle avait l'air si boudeur et si sombre ce matin-là que je me dis qu'elle souffrait d'une rage de dents... De grands sommets l'entouraient de tous côtés, mais elle s'imposait incontestablement comme la plus élevée – et la plus menaçante – de toutes. Les dalles de ses pentes supérieures étaient presque entièrement rocheuses, et seul un très léger panache de neige s'échappait de son sommet. Il fallait aborder froidement le problème qu'elle posait, en calculant bien son coup, comme le ferait un dentiste. Nous pouvions distinguer presque toute la voie suivie par les Suisses[16], qui serait reprise par les Britanniques moyennant des variantes mineures. Il fallait d'abord affronter le chaos sauvage de la cascade de glace, une accumulation de blocs de glace brisés, écroulés, inclinés, mouvants et chancelants, fendue d'innombrables crevasses, balayée par les avalanches venues des murs rocheux qui l'encadraient de chaque côté. Elle était semblable à une

16 N.D.T. : l'année précédente.

meringue écrabouillée et indigeste. Au-delà se trouvait la vallée de la combe Ouest, une brèche creusée dans la paroi occidentale de la montagne, étroite, suspendue et plongée dans un silence blanc surnaturel. La muraille raide du Lhotse la bordait, s'élevant en à-pic vertigineux jusqu'au replat du col Sud à plus de 7 900 mètres. De ce point, les alpinistes se dirigeraient vers le nord en suivant la dangereuse et longue arête sommitale de la montagne. Une petite bosse non loin du but s'appelait le sommet sud ; après quoi une arête rocheuse impressionnante conduisait au sommet proprement dit. Depuis nos tentes minuscules du camp de base, nous pouvions observer l'intégralité du parcours, loin devant nous, des obstacles successifs de la montagne au petit dôme rocheux et vierge qui constituait l'objectif.

Et nous pouvions en voir plus ; tant que le versant sud restait baigné de soleil, vers le nord on distinguait les marches d'approche depuis le Tibet dans une ombre évocatrice. Elles marquaient la voie des pionniers de l'Everest, du glacier de Rongbuk au col Nord, puis en suivant de pénibles pentes neigeuses en direction de la cime. Tous les passages clés de ces aventures passées étaient là – les premier et second ressauts, la bande jaune, le pic du Nord[17] –, des noms familiers pour des générations de grimpeurs et d'amateurs de montagne. Une barrière nébuleuse de politique et de préjugés nous privait de ces lieux ; tout de même (ce pourrait être l'altitude, ou la chaleur du soleil, ou le froid de la neige), je rêvai que des esprits silencieux nous observaient, au-dessus de la porte d'entrée du Lho La.

Nous dévalâmes de nouveau le versant de la montagne dans la chaleur de l'après-midi, éraflant nos tibias sur de très nombreux

17 N.D.T. Le Changtse.

rochers, et parfois en glissant de manière incontrôlée dans le pierrier. Ce fut une descente enivrante. Près du niveau de la vallée, nous nous retrouvâmes soudain sur la berge d'un petit plan d'eau, en tous points semblable à un lac isolé des montagnes galloises, aux eaux vertes et immobiles. Il n'y avait aucune trace de glace à sa surface et il se tenait là discrètement, niché derrière la moraine. Quelques semaines plus tard, Tenzing remarquera ce petit lac depuis les hauteurs de l'Everest, et en 1954, les membres d'une expédition japonaise ayant pour objectif le Pumori poseront le pied sur ses rives. Ils déclarèrent être les premiers hommes à l'atteindre et lui donnèrent un nom indien. C'était faux. Nous fûmes les premiers Sonam et moi, et il s'appelle lac Elizabeth.

Nous poursuivîmes la descente, et en regardant une nouvelle fois vers le haut depuis notre terrain délicat, j'aperçus l'Everest qui s'élevait au-dessus de nous dans toute sa démesure. Son sommet était caché par l'avancée du pic du Nord, et je pouvais seulement voir la cime du Lhotse au-dessus du vaste désordre glaciaire de la cascade de glace. Elle donnait l'impression qu'une armée pourrait se perdre dans ses replis secrets. Durant un instant, sur mon arête au Pumori, il me vint à l'esprit que si je me tenais ici le jour de l'assaut, je pourrais voir les minuscules silhouettes des grimpeurs victorieux tout là-haut sur la cime même. Mais je mesurai une nouvelle fois la dimension gigantesque de toute cette entreprise, en réalisant que si jamais deux alpinistes atteignaient le sommet de l'Everest, seuls les dieux (et les esprits vigilants du Lho La) seraient en mesure de les voir là-haut.

6.
ALPINISME

J'ai fait mes premiers pas sur les pentes de l'Everest vers la fin du mois d'avril. Les messagers progressaient sans heurt, nous quittant à intervalles réguliers avec mes dépêches, le périple jusqu'à Katmandou leur prenant en général huit ou neuf jours. Avec Hunt, nous avions décrit dans le détail la marche d'approche vers la montagne, la période d'acclimatation, la montée au camp de base, la première reconnaissance de la cascade de glace, et défini un itinéraire dans cette zone dangereuse et mouvante. Je me dis qu'il était temps d'aller voir ce qu'il advenait plus haut sur la montagne.

Je suis parti un beau matin après le petit-déjeuner avec Band et Westmacott, les suivant dans la trace fraîche de neige cassante qui nous guidait, en évoluant dans la moraine jusqu'au pied de la cascade de glace. Nous nous sommes alors encordés, trois sahibs, quatre ou cinq Sherpas. Ce furent mes premiers pas d'alpiniste, avec des mouvements bien sûr maladroits quand nous démarrâmes. Si jamais une corde venait à s'emmêler, c'était la mienne. Si jamais une paire de crampons n'allait pas, il s'agissait de ceux que l'expédition m'avait gentiment attribués. Mes lunettes d'altitude étaient presque toujours embuées, me privant presque totalement de voir quoi que ce soit. Les lacets de mes chaussures étaient souvent défaits et traînaient pitoyablement derrière moi. Néanmoins, sac à dos bouclé autour de la ceinture, et nanti de mon piolet fermement serré, je suivais le dos large et plat de Band dans l'étendue sauvage.

Il serait ridicule de dire que j'ai apprécié cette première ascension de la cascade de glace, d'autant que j'étais mal acclimaté. Mais monter ainsi en un lieu aussi chaotique et inhabité engendrait une profonde fascination. La cascade de glace de l'Everest remonte sur au moins six cents mètres de dénivelé et dépasse trois kilomètres de longueur. C'est un désordre indescriptible de blocs de glace enchevêtrés, certains aussi gros que des maisons, d'autres aux formes fantastiques évoquant des minarets, des obélisques, ou bien les statues de pierre de l'île de Pâques. La plupart du temps, on ne voit rien d'autre autour de soi que de la glace ; de la glace se tenant debout, comme si elle devait rester là pour l'éternité ; de la glace croulante penchant de côté, avec tous les signes de l'effondrement proche ; de la glace déjà tombée formant un amas de débris scintillants ; de la glace fendue par les crevasses et leurs profonds gouffres bleu pâle, semblables à des gosiers de baleines ; de la glace sur laquelle il faut marcher, pressée et pilée en masses informes, dans des allées, des corridors et des cavités ; comme un vaste grenier de glace, au sommet d'une maison congelée, rempli d'un bazar froid et glacé, génération après génération. Toute cette masse bougeait lentement, et donc elle grinçait et craquait, tout en changeant de forme chaque jour ; et depuis les hauts murs de la montagne qui l'encadraient, étranglant la cascade de glace à l'image du dentifrice à la sortie du tube, les avalanches venaient y dégringoler.

L'essentiel de l'ascension de la cascade de glace se résumait à une marche pénible et précaire dans ce fatras gelé ; pour le novice c'est une progression épuisante, seulement soulagée par de brefs moments de repos volés en prenant appui sur la tête de son piolet. De temps à autre, en grimpant, nous pouvions voir à travers des ouvertures dans la masse glaciaire la vallée plus bas, le Pumori qui rapetissait derrière nous, mais le camp de base était hors de vue car au-delà de la lèvre glaciaire. Nous atteignîmes bientôt le niveau du col du Lho La, et par son échancrure devinâmes les mystères du Tibet ; lesquels m'apparaissaient très semblables à ceux du Népal. De chaque côté, alors que la cascade de glace rétrécissait, les murs rocheux de l'Everest et du Lhotse se redressaient, et il y avait de quoi se sentir coincé et confusément menacé. Nous stoppions parfois le temps d'une pause et d'une gorgée de limonade tirée de la gourde de Band ; mais le plus souvent, on marchait avec peine…

Cette cascade était dangereuse, principalement à cause de son mouvement incessant. Notre voie était grossièrement marquée à l'aide de petits drapeaux rouges plantés dans la neige ou sur les flancs des blocs de glace ; mais ici et là, au fond de goulottes périlleuses, ou bien plus haut sur des pinacles inaccessibles, d'autres drapeaux flottaient, déchirés et penchant tristement. Ces vieux souvenirs servirent de jalons à l'itinéraire suisse de 1952, et les voir aujourd'hui était poignant, si loin d'un cheminement sûr ; on aurait dit de petits Sirens rouges dans la glace, essentiellement là parce qu'ils avaient été fournis par ce fabricant de chaussures généreux, et qui continuaient de faire la promotion de ses produits dans ce qui ressemblait un peu à un triste genre de campagne publicitaire.

Notre voie longeait parfois le versant raide d'un bloc de glace, et les Sherpas, avec leurs lourds sacs à dos, installaient frénétiquement une corde fixe, grimpaient à tâtons, grattaient et creusaient pour faire des prises de mains, avant d'être soulevés tour à tour par leurs camarades au sommet, et de se débarrasser de la neige comme des chiens se secouent en sortant de l'eau. Il arrivait que l'on se serre dans d'étroites failles dans la glace, avec nos sacs à dos qui s'accrochaient et résistaient, jusqu'à ce que nous poussions nos corps vers la sortie accompagnée d'un « pop » presque audible. Dans une même zone, il fallait manœuvrer soi-même à travers une telle ouverture, se laisser glisser dans une pente de glace, sauter au-dessus d'une crevasse et gravir l'autre versant. Je me débattis pour atteindre le bas de ce passage, me tins prêt en équilibre pour quelques instants d'agonie au niveau de la crevasse, me demandant quelle jambe utiliser en premier, pour, sans savoir comment, crapahuter de l'autre côté. Mais durant l'opération je sentis mon poignet racler durement le long d'un bloc de glace, et quand je voulus ensuite consulter l'heure, je m'aperçus que ma montre avait disparu, engloutie par les profondeurs de la crevasse. C'était un modèle automatique qui se remontait sous l'action des mouvements du poignet ; et je pense qu'elle continue de faire tic-tac dans les entrailles bleues du glacier, bercée et stimulée par les mouvements de la glace, avançant doucement plus bas vers la vallée, pleine de foi au gré de l'heure GMT…

Ces crevasses étaient souvent trop larges pour être franchies d'un bond et il fallait confectionner des ponts. Pour cela, l'expédition disposait de quelques échelles en aluminium, sur lesquelles on évoquait une grosse araignée en les traversant. Mais il y avait beaucoup plus de crevasses que d'échelles, et dans bien des cas on employait un autre moyen : un vieux mât glissant, enfoncé dans la neige de chaque côté, comme un énorme cure-dent coincé entre deux molaires. Je voyais ces mâts d'un très mauvais œil. Chaque grimpeur devait traverser seul, ses compagnons maintenant la corde tendue de chaque côté ; et les pointes de mes crampons, qui d'une manière générale étaient mal fixés, venaient s'enfoncer dans le bois d'une manière déroutante. Plus d'une fois, le mât commençait à pivoter dans la neige alors que l'on cherchait son chemin, et il était difficile de savoir s'il fallait le regarder tourner, ou bien laisser le regard se perdre dans les immenses entrailles avides de la crevasse en dessous, froides, bleues et profondes de trente mètres ou plus.

En fin de journée, la neige se mit à tomber, comme c'était souvent le cas sur l'Everest. Sous le soleil, la cascade de glace pouvait devenir suffocante car les murs et les piliers glaciaires retenaient la chaleur, et était capable (bien que les « cibles » potentielles soient très rares) de vous choisir comme un rôti en puissance… Cette chaleur ne manquait pas de malveillance, comme si elle se liguait avec toutes les autres menaces du lieu – les blocs toujours en mouvement, les trous béants, les mâts glissants, les reflets, l'altitude qui affaiblit, les avalanches –, et même le merveilleux ciel bleu et le soleil radieux paraissaient hostiles. J'ai donc toujours bien accueilli les premières douces volutes de neige en fin d'après-midi. Elles commençaient par voleter lentement dans le ciel bleu ; mais progressivement le jour devenait gris, les nuages épaississaient et les masses des grandes montagnes s'obscurcissaient. Elle tombait sur nos coupe-vent, et en montant péniblement dans la couche toujours plus profonde, on sentait l'humidité dégouliner dans notre cou ; en regardant au sud, au-delà de la vallée glaciaire, on apercevait bien plus bas des bataillons de nuages chargés d'humidité remontant vers nous.

À mi-hauteur de la cascade de glace, un petit camp intermédiaire, le II, avait été monté sur un plateau s'avançant au-dessus du chaos. Nous l'atteignîmes tranquillement au moment où la neige commençait à devenir désagréable. Je me souviens parfaitement bien de cette première nuit dans ce camp. Jusque-là les montagnes m'avaient paru sans vie et impersonnelles, comme une grande étendue inhospitalière ; mais la présence de ce petit camp, perché ici au cœur des glaces, s'assimilait soudain à une étincelle de vie et humanisait l'aventure.

Je me dis qu'il y avait un zeste de provocation typiquement londonienne quant à l'existence réelle de cet endroit ; et se trouver face à un maître de céans aussi gigantesque et intraitable donnait un attrait nouveau à l'audace. J'aimais m'allonger sous ma tente dans ce camp, tout comme regarder un groupe de sahibs et de Sherpas s'échiner à gravir le monstre jusqu'au plateau.

Ils arrivent sur l'arête, leurs corps éprouvés penchés en avant, pour retrouver un peu d'allant et presser un peu le pas à la vue des tentes devant eux. Avec peine ils enfoncent leurs piolets dans la neige, se décordent avec leurs doigts gourds à cause du froid et défont (souvent en reprenant haleine et en marmonnant des grossièretés) les lanières gelées de leurs crampons. Les Sherpas se pressent dans certaines tentes ; les Européens, voyant que l'approvisionnement est bien en place, dans les autres. C'est maintenant une véritable bousculade qui s'ensuit, un grouillement où chacun se marche et se roule dessus, le tout ponctué de respirations lourdes ! Chaque tente atteint à peine un mètre de hauteur et ne comporte qu'une entrée étroite près du sol ; les grimpeurs épuisés doivent lutter dans cette petite trouée, gênés par leurs coupe-vent et autres épais vêtements en duvet. Un combat infernal se déroule avec les claquements de la toile de tente (avec la neige qui ruisselle et le vent qui souffle en rafales glaciales) ; les chaussures se prennent dans le Nylon ; on doit traîner les sacs à dos derrière soi, comme de gros chiens de terrier têtus en chasse…

L'intérieur d'une tente est sans doute un peu humide car elle est vide depuis que l'équipe précédente a repris sa route. Des déchets jonchent le sol un peu partout, une barre de chocolat, de quoi faire un petit-déjeuner, un bout de vieux journal. Il règne une odeur de limonade en poudre, de cuir mouillé et de chocolat. On voit dans un coin un talkie-walkie complet et un enchevêtrement de câbles et de piles. Une fois à l'intérieur de ce lieu inhospitalier, l'alpiniste se retourne plutôt laborieusement et retire lentement ses chaussures, qu'il frappe alors l'une contre l'autre pour les débarrasser de la neige adhérente (je n'ai jamais oublié le bruit des chaussures que l'on frappe, une réminiscence courante de l'Everest). Il sort le matelas gonflable de son sac à dos, oppressé dans l'exiguïté de la tente, et le gonfle fiévreusement en haletant à plusieurs reprises. Il l'étend sur le sol – il rentre tout juste – et installe son sac de couchage dessus. Après quelques autres contorsions dans la tente, tel un furet dans le terrier d'un lapin, et avoir mis à l'intérieur ses chaussettes, ses vêtements en duvet, ses gants et d'autres choses encore, le grimpeur se glisse enfin – sans grâce mais avec délectation – dans son sac ; ses chaussures servent d'oreiller ; s'il les laisse traîner dans la tente, elles seront certainement totalement gelées le lendemain matin, et tenter de dégeler une paire de chaussures de montagne est extrêmement ingrat. S'il est prévoyant, il a emporté un livre dans son sac à dos, car il n'est alors que quinze ou seize heures, et le temps passe lentement.

L'expédition avait emmené de la littérature couvrant un large spectre. Wilfrid Noyce aimait s'asseoir dans la neige pour se plonger dans *Les Frères Karamazov*. Les deux Néo-Zélandais préféraient se délecter de l'indéfinissable respectabilité du *Aukland Weekly News*. La bibliothèque officielle allait du *Teach*

Yourself Nepali[18] aux essais critiques de George Orwell, sans, assez étrangement, qu'un seul livre de montagne des étagères déformées et bien garnies du *Climbers' Club Hut at Helyg* ne soit emprunté. J'avais toutefois une épreuve de *Histoire de l'Everest* de W. H. Murray, que chacun lira une fois à un moment ou à un autre sur la montagne ; tout le monde le signera pour moi, et il trône désormais dans ma bibliothèque revêtu d'une splendide reliure, les pages marquées de taches de thé et de traces de doigts estampillées Everest.

Rapidement, le grimpeur est dérangé par de l'agitation et du remue-ménage à l'entrée de la tente, et un Sherpa souriant, soufflant lourdement dans le froid, avance de la nourriture – du pemmican, des pommes de terre et de la chair à saucisse dans une assiette en fer-blanc. Du thé doux et épais suit, avec un petit goût d'alcool à brûler et de forts relents de neige fondue ayant servi à fournir de l'eau – un goût, pensai-je souvent, encore aggravé par les vents et le désespoir, sachant qu'une goutte de pluie sur les pentes de l'Everest reste un événement rarissime. Il peut y avoir des biscuits et de la confiture, emballés dans de petits sachets en plastique comme du shampooing, ou éventuellement des tranches rondes de cake aux fruits en conserve. Ce n'est pas facile de manger délicatement dans une tente de haute altitude. Tôt ou tard un mug se retourne et un mince filet de thé brun vient former une flaque sur le sol ; une grande quantité de miettes s'insinuent dans le sac de couchage ; mais bon sang où est passée cette fourchette ?

Le soir, Hunt essaie de relier tous les camps sur la montagne par un appel radio sur les différents talkies-walkies. Ce qui demande un peu de préparation. Les piles fonctionnent mieux quand elles sont chaudes, il faut donc les chérir dans le sac de

18 N.D.T. Apprenez le népalais.

couchage comme des ours en peluche, trente minutes avant l'heure convenue. Ce sont des objets anguleux, pleins d'étranges bosses, de cavités, de petits trous et de connexions avec lesquels il est inconfortable de partager la couche. Il faut maintenant s'occuper de démêler les câbles dans le coin de la tente, et de fixer sur l'émetteur la longue antenne flexible qui évoque une épée factice de cinéma. À la rigueur, un homme motivé peut réaliser tout cela à l'intérieur de la tente, sans que personne ne doive pointer le nez dehors, et les informations minutieuses de Hunt sur les tâches du lendemain peuvent être enregistrées dans la chaleur.

Une fois l'appel passé, de joyeux « bonne nuit » se répandent partout sur la montagne, et l'heure de dormir se rapproche. On se couche tôt à l'Everest ; à partir de dix-neuf heures les lumières commencent à s'éteindre et le silence s'installe dans le camp, si on excepte quelques bribes des conversations hermétiques des Sherpas. On entend parfois un énorme grondement, comme celui d'un train franchissant Hungerford Bridge[19] ou le rugissement du vieil avertisseur de l'ancien chemin de fer aérien à Manhattan, qui n'est autre que le départ d'une avalanche qui dévale quelque part les remparts de la montagne. Le grimpeur l'ignore ; puis il avale quelques pilules jaunes (des somnifères car l'altitude ne facilite pas le sommeil) et s'abandonne résolument dans son sac, emmitouflé dans ses vêtements épais en duvet comme une momie au cœur des glaces.

Des mois plus tard, sur d'autres continents, à la fin des dîners organisés pour honorer le groupe de l'Everest – et lorsque les femmes se seront retirées et que les vieux *gentlemen* aux élégantes moustaches blanches commenceront à s'échauffer – quelqu'un posera la question qui le taraude. Il se sera toujours demandé

19 N.D.T. Pont métallique sur la Tamise à Londres.

comment, là-haut dans les neiges – où il doit faire un froid diabolique –, où il devait être bigrement difficile de se mouvoir, hein, que se passait-il dans la nuit, en supposant que vous vous trouviez dans la tente là-bas et, hum, si un besoin naturel se présentait, si on peut dire ? Dites-moi, là, comment faisiez-vous ? Il existait une réponse toute faite à ce propos. Car l'expédition disposait spécialement pour cela de petites bouteilles jaunes en plastique. Mais en tant que profane, je n'avais de flacon de ce type, et alors que les vieux messieurs attendraient une réponse, je me souviendrais avec émotion des longues heures d'hésitation et d'inconfort grandissant, des aléas de la tergiversation et de la bonne résolution, du remords et de la préparation lacunaire, de l'échec et du recours à la volonté, des contorsions et autres retournements dans le sac de couchage, de la lutte avec la toile de tente qui claque, enfin de la sortie sur les flancs de l'Everest en milieu de nuit par une température négative, sous une lune lumineuse et glaciale, avec la neige accumulée appuyant contre la tente ! Le brandy était vraiment excellent et l'ambiance empreinte de bien-être durant ces longues soirées de célébrations à Londres et à New York !

La deuxième partie de la cascade de glace était encore pire que la première. Et durant ma première ascension éprouvante de ses plateformes instables et de ses ressauts, j'ai eu le temps de me demander pourquoi les gens voulaient gravir les montagnes ; cependant, mes compagnons de cordée ne semblaient pas avoir le moindre motif, ils progressaient simplement et mécaniquement sur la montagne, tels des pur-sang que l'on conduit à la piste, et faisaient ce qui leur était naturel[20] (pour

20 N.D.T. *Doin' What Comes Natur'lly*. Il s'agit d'une chanson composée par Irving Berlin pour la comédie musicale *Annie Get Your Gun*, sortie en 1946.

reprendre les paroles d'une chanson oubliée). « Car il est là » sonnait finalement comme un symbole idéal, surtout exprimé avec une pointe de mysticisme sublime, comme si la phrase s'assortissait d'une signification insondable, comme s'il s'agissait de faire taire les publics de conférences les plus pressants ; je me suis dès lors souvent demandé si Mallory, qui était un homme comme un autre, n'avait pas fini par l'énoncer dans un moment d'impatience, après qu'on lui ait posé trente-six fois la question dans la même soirée. La réponse de Hillary est presque tout aussi brillante : « Je grimpe pour le plaisir que cela me procure. » Nul ne peut se plaindre de cela. Le simple sportif le prend pour argent comptant ; le moraliste peut se réjouir face à un tel honnête homme ; le flatteur peut trembler face à cette simplicité masculine ; l'alpiniste mystique peut s'interroger face à la question « qu'entend-on par plaisir ? » (parmi ses cogitations indignées sur l'Ascension plutôt que la Conquête de sa montagne préférée, et je me souviens que c'est une profession de foi chez lui, figure une approche qui doit impérativement obéir aux règles de l'art).

Bien entendu, chacun entreprend ces activités pour différentes raisons, mais en grimpant j'ai imaginé une formule qui pourrait s'appliquer à bien des alpinistes. Je pense que leur motivation pour grimper provient en partie de l'orgueil car ils sont peu enclins à reconnaître leurs faiblesses ; en partie de l'ambition car une douce flatterie entoure les grimpeurs qui réussissent, même quand ils se dressent, seuls et loin des honneurs, sur un sommet mineur et négligé ; en partie de l'esthétisme car leur sport donne accès à des lieux vraiment superbes ; en partie du mysticisme car ils se complaisent voluptueusement dans un challenge spirituel ; et en partie du masochisme car ils aiment vraiment les situations inconfortables qu'ils affrontent, crevasses, avalanches, froid, solitude, saleté, fatigue, etc. Parmi ces différents éléments, je finis par être convaincu que le dernier l'emportait alors que nous luttions sur la montagne.

La neige tomba encore l'après-midi pendant que nous progressions lentement dans le dédale, au milieu des tourbillons et des bourrasques qui voilaient la trace que nous suivions. Nous empruntâmes quelques autres ponts et mâts, glissâmes le long de pentes glaciaires, nous balançâmes au bout de quelques cordes, nous pressâmes dans des défilés avant de remonter enfin une échelle de corde à peu près bien constituée de barreaux en bois, semblable à ce que l'on utilise dans un camp de scouts. « Recommandé par la *Yorkshire Ramblers' Association* ! », me cria Band dans le vent avec un geste d'explication, laissant ainsi croire un instant que notre aventure se réduisait à une sortie le week-end. Alors que les dernières lueurs du soleil disparaissaient au profit de l'arrivée du soir, nous sommes tombés sur le camp III : quelques tentes informes nous regardant dans le blizzard, une antenne radio, un tas de boîtes à moitié enfouies dans la neige, et parfois des murmures étouffés sortant de l'obscurité. Je me rendis dans une tente complètement abandonnée et, après avoir poussé sur le côté le bazar à l'intérieur, je me traînai jusque dans mon sac de couchage.

J'éprouvais une sensation réellement particulière en me reposant cette nuit-là au camp III, à l'Everest, au sommet de la cascade de glace. Je m'étais préparé à l'idée que des journalistes avaient déjà rédigé des dépêches depuis du camp de base à 5 500 m d'altitude ; mais j'étais presque sûr qu'aucun d'entre eux n'avait atteint un point aussi élevé. Mais en dépit d'une certaine euphorie nichée quelque part au plus profond de mon être, je ne fus jamais capable de mettre du cœur dans mes messages depuis des endroits aussi élevés. Ce n'était pas seulement à cause de ma tête douloureuse, de mes membres fatigués et de mes doigts très froids ; l'altitude agit aussi sur le cerveau, elle édulcore les meilleurs comme les pires moments, elle emporte les frontières mentales, elle cantonne le vécu dans une uniformité grise et fermée. Nous le savons tous, l'appréciation des distances et des dangers est faussée. Mais également les valeurs esthétiques et les critères propres aux plaisirs comme aux peines. Un grand alpiniste, à la limite de la résistance humaine, sous-estime inexplicablement la solidité d'une corniche, tel « un malade grimpant comme dans un rêve » ; et le journaliste, qui évolue à son niveau sur la montagne dans une atmosphère de grande aventure, sous la lumière d'une lune himalayenne dorée, ne peut trouver grand-chose de mémorable à raconter.

Alors que je somnolais ce soir-là dans mon sac, en rêvassant de rats sans queue et d'œufs brouillés dans un agréable état semi-comateux, le rabat de la tente s'écarta pour laisser apparaître le visage radieux de Hillary, coiffé d'une sorte de képi seyant en tissu rayé, assez proche de ceux portés dans la Légion étrangère, gentiment cousu pour lui par sa fiancée.

« Il y a un mauvais passage juste en contrebas sur la dernière crevasse, dit-il d'une voix forte. Il faut que j'y taille quelques marches supplémentaires. Ça vous dirait de venir m'assurer ? Comment vous le sentez ? »

Son ton me sembla clairement neutre, ou tout du moins sous la forme interrogative propre au latin qui attend une réponse positive ; et de toute façon j'étais trop vaniteux pour expliquer que j'étais mort de fatigue. Aussi, en poussant un long soupir inaudible, je me suis débattu pour m'extraire de mon sac de couchage en me contorsionnant et en roulant pour sortir mes chaussures, avant de me prendre les pieds dans la toile de tente tout en cherchant mes lunettes de protection, pour finalement ramper misérablement à l'extérieur dans la neige et le suivre. Aujourd'hui, je suis heureux qu'il m'ait traîné dehors cette nuit-là ; car je me souviens que l'anecdote fut caractéristique de Hillary, tout en illustrant sa maestria souveraine en tant qu'alpiniste. Ce fut une nuit horrible, avec une neige froide tombant constamment, sans lune, juste la faible lueur du reflet de la neige et l'ombre immense de l'Everest se profilant au-dessus de nos têtes. Je me tenais sur la lèvre de la crevasse, la corde pour l'assurer autour de mon piolet, pendant que Hillary descendait avec maîtrise le long du mur de glace. Il opérait dans une semi-obscurité, colossal et joyeux, ses gestes pas spécialement élégants mais d'une assurance inaltérable, avec une énergie quasi démoniaque. Il était habité par une formidable vitalité, explosive, fondamentale, contagieuse et glorieuse, rappelant ces énormes camions rutilants et grondants qui traversent l'Amérique à grande vitesse ; mais derrière le bon camarade et son énergie se cachait aussi beaucoup de sérieux. Il me rappelait souvent un musicien dans les heures précédant un concert, quand des signes répétés de tension nerveuse commencent à apparaître dans ses propos, et que ses plaisanteries ne sont qu'une aimable façade. Hillary était au moins aussi virtuose qu'un Menuhin, et tout aussi profondément et constamment impliqué dans son art ; j'ai découvert en lui ces marques de grandeur ce soir-là sous le camp III, alors que les cristaux de glace flottaient dans l'obscurité, son chapeau rayé se balançant dans le gouffre, et moi grelottant en haut, complètement embrouillé dans les cordes, les crampons et les piolets.

Au réveil le lendemain, la neige continuait de tourbillonner ; mais avant de prendre le chemin du retour, nous sommes montés un peu plus haut jusqu'à l'entrée de la combe Ouest. J'avais vu cette tranchée dans la face de la montagne depuis mon éminence au Pumori et je voulais goûter à cette ambiance avant d'écrire ma dépêche. Nous avons avancé avec peine dans la neige profonde et franchi deux profondes crevasses avant d'atteindre le début de la vallée ; malheureusement, l'air était bouché à cause des chutes de neige, formant un voile changeant et aveuglant. Je pouvais juste déceler les hautes murailles rocheuses de chaque côté, et bien plus loin je crus apercevoir la silhouette gigantesque du Lhotse, au sommet de la vallée. Mais en poussant davantage à ce stade je n'aurais rien vu de la matinée, car la combe cachée par la couche de neige gardait tout son mystère, ses moindres recoins semblaient empreints de romantisme, ma tête était étrangement embrumée par l'altitude et j'avais vraiment la sensation qu'il était complètement incroyable que je me trouve ici, dans les neiges de l'Everest. Après nous être assis et avoir bu de la limonade, nous commençâmes notre descente vers le bas de la montagne.

J'incarnais presque le microcosme de l'expédition à l'Everest ; car mes modestes aventures se déroulaient parallèlement aux plus grandes entreprises des grimpeurs, et j'organisais mes propres sorties sur la montagne pour qu'elles coïncident avec les différentes phases de la tentative. Ainsi, alors que je menais ma première ascension jusqu'en haut de la cascade de glace, les groupes de reconnaissance de Hunt progressaient jusqu'au sommet de la combe Ouest, sur la vaste selle de la face du Lhotse qui se dressait au-dessus. De même, peu après mon retour au camp de base pour transmettre mes messages et organiser les parcours de mes messagers, Hunt a retiré tous les alpinistes de la montagne pour une réunion sur le plan d'attaque ; un véritable conseil de guerre en vue de l'assaut vers le sommet. Le travail préparatoire était terminé ; de l'équipement en quantité avait été monté dans la combe Ouest, et un premier examen de la face du Lhotse effectué ; l'heure était venue de prendre la décision d'échafauder le plan final et de composer les cordées d'assaut. Cette conférence ferait des participants des hommes célèbres et donnerait naissance aux légendes. Nous étions le 7 mai, une date clé dans l'histoire de l'Everest.

Avant la réunion, Hunt discuta de la situation avec Hillary et Evans, promu bras droit de l'expédition. Il m'invita à y assister et je me suis donc installé dans un coin pendant qu'ils élaboraient leur plan. C'était par un beau matin ensoleillé, nous nous prélassions dans les éboulis tout en parlant. Quand j'entendis que Evans et Bourdillon, Hillary et Tenzing étaient les quatre hommes qui avaient les plus fortes chances de fouler le sommet, ma première réaction fut de me demander ce que ce hasard allait changer dans leur vie ; si le nom de Hillary deviendrait un jour aussi célèbre que celui de Mallory ; et si, par ailleurs (une pensée des plus égoïstes), ils reviendraient tous sains et saufs pour me raconter les événements, ou si je devais commencer à envisager des notices nécrologiques.

Mon Dieu, quelle idée ! Avions-nous prévu quelque chose à la morgue pour les membres de l'expédition ? Et des portraits ? Jc devais prendre chaque participant en photo, car si quelqu'un disparaissait définitivement dans une crevasse nous pourrions fournir un hommage décent. Il fallait voir si nous avions des mots codés en cas de catastrophes. Je savais que nous avions quelque chose pour « tué », « blessé » et « malade » ; il serait peut-être bienvenu d'en créer quelques autres car le choix des risques est étendu, et si, par exemple, quelqu'un était irrémédiablement emporté suite à un affaissement inattendu de la glace, cela mériterait bien d'être rapporté.

« Pour l'heure nous en sommes là, me dit Hunt avec un sourire encourageant, car il se souvenait que j'avais résolu le problème du débit d'oxygène ; nous rassemblerons tous les gars sous la tente-dôme dans trente minutes pour leur expliquer le plan. Et vous James, vous en savez désormais assez ? »

« Tout à fait, merci John », répondis-je en me demandant si une demi-colonne lui suffirait.

Mais il n'y eut ni mort ni estropié sur l'Everest, un excellent résultat dont Hunt lui-même est l'artisan. Son planning était impeccable. Il n'avait rien d'un Gordon[21] car il était autrement plus tolérant que ce commandant fanatique ; et fort heureusement aucun mysticisme ne venait tempérer la combinaison de ses cahiers des charges en vue de l'assaut. Rien ne pouvait être plus clair et net que le plan qu'il venait de développer sous la grande tente-dôme. Le soleil avait disparu durant la conférence et la neige tombait de nouveau. Le vent enfonçait et aspirait alternativement la toile de tente, et quand de temps à autre un Sherpa entrait, les rabats s'agitaient et battaient comme des derviches.

Presque tout le monde était rassemblé dans la tente, Tenzing se tenant bien droit sur une caisse d'emballage près de la porte, les autres se prélassant sur des sacs de couchage ou assis sur le sol. Il y avait de vieux journaux un peu partout, pour l'essentiel des éditions déchirées du *Times* arrivées par avion. Quand Hunt commença à parler, j'observai les visages de mes compagnons. Beaucoup étaient songeurs ou détendus : Tenzing était assis là, impénétrable, élégant et attentif, tel un demi-dieu en parade devant Zeus. Au moins trois d'entre nous étaient relativement décontractés : Griffith Pugh, le physiologiste, Tom Stobart, le photographe de plateau, et moi-même ; car nous ne serions évidemment pas impliqués dans le groupe

21 Charles George Gordon (1833-1885). Ce général britannique surnommé Gordon Pacha a notamment servi en Chine, en Égypte, en Inde et au Soudan. Très pieux et mystique, on le qualifiait effectivement parfois de fanatique.

Les membres de l'expédition de 1953 à l'Everest. (© *Royal Geographical Society*)

d'assaut ou dans une opération d'importance haut sur la montagne. Chez les autres, on relevait un sentiment marqué d'excitation, suivi d'un élan soudain de tension quand les deux cordées d'assaut furent nommées. D'abord Evans et Bourdillon, puis Hillary et Tenzing. Je crus voir un très léger éclair de satisfaction sur le visage de Tenzing, alors qu'en fait (nous l'apprendrons plus tard), il considérait que chaque cordée aurait dû comprendre un Sherpa. Hillary avait l'air d'un joueur tout juste pris en équipe première qui pensait au graissage de sa batte de cricket; je me souviens d'Evans et Bourdillon comme de deux personnes d'une intelligence rare, membres d'un conseil d'administration, échangeant sur la façon d'augmenter les ventes à Antigua. Le plan fut réglé en peu de temps. Lowe, Westmacott et Band se chargeraient d'ouvrir une voie vers la face du Lhotse. Noyce et Charles Wylie, les plus aimables et les plus « anglais » de tous, s'occuperaient de l'itinéraire du col Sud. Hunt et Gregory formeraient une cordée de soutien pour monter des provisions jusqu'à 8 500 mètres, si possible. Evans et Bourdillon mèneraient la première tentative en employant le nouveau et peu éprouvé système d'oxygène en circuit fermé; Hillary et Tenzing prendraient le relais en cas d'échec. Enfin, Michael Ward, le médecin, était l'homme de réserve.

« Des questions ou des remarques ? » demanda Hunt en observant avec bienveillance l'intérieur de la tente, comme s'il s'apprêtait à ordonner à ses commandants de compagnies de synchroniser leurs montres.

« Oui, dit Michael Ward avec une véhémence qui faillit me faire tomber de ma caisse d'emballage, j'ai assurément une remarque. Je pense que c'est une grosse erreur que vous montiez vous-même si haut. C'est une grosse erreur. Vous ne devriez pas accompagner cette équipe de soutien. »

Il asséna cela en clignant des yeux et avec un frémissement de sa tête saturnienne ; et John le remercia gravement. Il s'avérait que le médecin passionné avait partiellement raison. Hunt, âgé de quarante-deux ans, était monté extrêmement haut avec de très lourdes charges, rejetant l'oxygène pour gagner du poids, allant jusqu'aux limites extrêmes de sa résistance ; il était le plus éprouvé de tous les grimpeurs, au point que je me suis demandé, en regardant ses traits tirés et fatigués, ainsi que son corps amaigri et ses mouvements empreints d'une infinie lassitude, s'il resterait seulement le même homme après les événements. Mais là, c'était le sacrifice du leadership.

Quant à Ward, c'était un alpiniste accompli doublé d'un physicien, et d'une certaine manière, parmi tous les présents dans la tente, il apparaissait comme le plus qualifié pour donner son avis sur le programme. Car sans son inspiration nous ne serions même pas sur l'Everest. Quand, après la Première Guerre mondiale, les communistes envahirent le Tibet et que le versant nord de l'Everest était irrévocablement fermé aux Occidentaux, l'approche de la montagne par le sud (que nous avons empruntée) était inconnue. En 1921, Mallory vit la partie la plus élevée de la cascade de glace depuis son col sur la frontière, et pensa qu'il serait peu probable que quelqu'un puisse la surmonter. Trente ans plus tard, en pionnier, un groupe anglo-américain l'aperçut depuis le glacier du Khumbu et douta aussi de l'existence d'un passage possible vers le sommet depuis le sud. On crut donc pendant quelque temps après la Seconde Guerre mondiale qu'il n'y avait pas de voie menant à la cime. Cependant, Ward conduisit un groupe d'alpinistes irréfrénables convaincus de *l'existence* d'un tel chemin, et qui exercèrent des pressions incessantes à l'égard de ces dignitaires qui avaient droit de vie et de mort sur les expéditions himalayennes. Leur persuasion fut à l'origine d'une plus grosse expédition de reconnaissance en 1951 ; puis de la tentative suisse en 1952 ; enfin de notre aventure actuelle, qui atteignait, alors que le vent soufflait et la tente vibrait, une sorte de paroxysme troublant.

La conférence s'acheva avec des tasses de thé pour tout le monde. Je me retirai sous ma tente pour rédiger une longue dépêche technique. Désormais, toute l'expédition était soudée et habitée d'une nouvelle détermination. Tout le monde n'était pas d'accord avec le plan de Hunt, pour des raisons trop complexes à expliquer pour moi ; par exemple, le toujours franc Gregory soutint que le premier assaut avait peu de chances de succès et n'avait donc pas de vraie raison d'être ; mais on avait la sensation d'avoir atteint un nouveau stade de l'aventure, que les responsabilités étaient définies et l'égalité des chances bien répartie, et que la finalité de nos efforts se dessinait plus précisément. Assis sur mes caisses de trésor, je tapai mon message sur ma machine à écrire en piteux état, en me demandant si cela intéresserait quelqu'un au pays.

7.
SHERPAS

Alors que les grimpeurs galéraient pour s'élever dans la face du Lhotse, ralentis par les fortes chutes de neige, je m'installai au camp de base durant au moins une semaine pour m'assurer du bon fonctionnement de mes transmissions. En vivant nuit et jour avec mes Sherpas, en partageant leurs petits plaisirs comme leurs désagréments, je commençai à faire un peu la lumière sur leurs caractères étranges et exotiques, et percevoir divers traits de personnalité derrière leurs visages brunis, aussi lisses et brillants que les boutons polis des manches des habits d'écoliers. C'était un peuple chaleureux, sociable et agité, et je devais constamment combattre une sensation de légère répulsion à l'égard de leur indifférence implacable ; une indifférence dans la plus pure tradition qui franchissait toutes les barrières des habitudes et des comportements, empêchant de garder un secret inviolé ou de préserver des singularismes. Si vous avez des vices cachés, ou onze orteils, ou *L'Amant de Lady Chatterley* dans votre trousse de toilette, ne rendez pas visite aux Sherpas.

Pendant des générations, les porteurs sherpas, qui ont aidé de si nombreux sahibs dans les montagnes, ont été célébrés pour leur bravoure dans l'adversité et leur bonne humeur inaltérable. Nul n'a jamais remis en question leur immense mérite, fait de courage, d'amitié, d'honnêteté, de force et de loyauté. Mais quoi qu'il en soit, on juge mieux une personne chez elle, et jusqu'en 1950, aucun Européen n'était entré à Sola Khumbu, d'où viennent les Sherpas ; les porteurs des expéditions passées étaient généralement recrutés à Darjeeling, où de nombreux Sherpas avaient élu domicile dans l'espoir de trouver plus d'emplois corrects. J'avoue que parfois, durant mon propre séjour à Sola Khumbu, je n'admirai que très relativement les Sherpas, certes en respectant leurs grandes qualités mais en étant également écrasé par le poids de leur excessive cordialité.

Par exemple, notre première randonnée hésitante dans la vallée de la Dudh Kosi fut à mes yeux rendue horrible par la jovialité exagérée des habitants. Oh, les plateaux de *chang* que j'ai bus, et les plaisanteries incompréhensibles auxquelles j'ai ri, les danses que j'ai essayé de danser, les dos dans lesquels j'ai tapé, les filles avec lesquelles j'ai flirté, ces chers petits gamins dont j'ai enduré les farces avec le sourire ! Je n'ai jamais passé un instant sans une foule de Sherpas hilares me regardant, en glissant leurs têtes rieuses entre les rabats de ma tente, enfonçant leurs doigts crasseux dans les œufs brouillés, ou se tenant simplement debout en observant, comme cette foule insatiable sous le porche à Namche Bazar.

Une fois, durant la marche, alors que je remontais joyeusement un sentier longeant la rivière pas très loin de Namche, j'aperçus Sen Tenzing et Ang Nyima, assis sur la terrasse d'une maison dominant la route. Tous deux étaient outrageusement ivres, et Ang Nyima se trouvait dans une sorte d'hébétude, une expression d'indescriptible bêtise sur tout le visage. Quant à Sen Tenzing, il était anormalement agité. Me faisant signe avec son pot de *chang*, il se leva d'un bond et me cria de les rejoindre. J'adorais cette vieille canaille, et stupidement j'acceptai l'invitation en grimpant sur le chemin jusqu'à la maison.

« Ah, sahib, voici le meilleur *chang* de Sola Khumbu. De tout le Népal ! Il n'existe pas de *chang* comme ce *chang* ! La propriétaire de cette maison est connue pour cela. Servez-vous, sahib ! Là, prenez ce bol et vous trouverez le *chang* dans cette pièce là-bas dans le coin ! »

Je regardai dans la pièce, qui était très sombre, pour seulement dénicher une sorte de conteneur dans un coin. Un gloussement étouffé me parvint par la porte d'entrée.

« C'est ça, sahib ! Là-bas, soulevez juste le couvercle et plongez votre bol. Un *chang* fameux, sahib ! Faites le plein ! »

Je soulevai le couvercle pour introduire mon bol, et je découvris que le conteneur était ce que l'on nommait habituellement en d'autres temps une chaise d'aisance. Les rafales d'éclats de rire bachiques et incontrôlés me parvinrent alors par la porte ouverte. Sen Tenzing se tapait sur les cuisses ; Ang Nyima ricanait d'un rire suraigu déréglé. « *Chang* fameux, sahib ! », dit Tenzing, ôtant le sac de mon dos dont il sortit le thé pour mettre une bouilloire en route. « Maintenant, voudriez-vous des œufs brouillés, ou bien des *chapatis* avec de la confiture ? Venez, sahib, laissez-moi enlever vos chaussures ! »

Que faire avec des gens pareils, qui vous jettent une tarte à la crème d'une main et vous tendent une tasse de chocolat chaud de l'autre ? Juste prendre votre mal en patience, puis dire merci. Car leur gentillesse était bien entendu infinie. En bien des occasions, on m'a poussé dans la maison d'un parfait inconnu pour un repas, somptueux, copieux et souvent délicieux (pour un voyageur fatigué, de toute façon). Les maisons des Sherpas sont bien construites sur deux étages, avec des fenêtres vitrées et de plaisants toits en tuiles.

Carrées et robustes, elles semblent saines et diffèrent grandement des cabanes misérables de la vallée de Katmandou. Le rez-de-chaussée sert d'entrepôt, et dans son obscurité, on a de grandes chances de tomber sur un yak attaché et respirant bruyamment, entouré de fourrage. Se présente alors l'escalier branlant en bois, que les Sherpas franchissent allègrement d'un bond, alors que derrière eux le sahib le remonte maladroitement en s'essoufflant ; au sommet, on se retrouve dans une sorte de réunion ou d'assemblée d'antan dirigée par des marabouts clandestins. Tout le premier niveau de la maison consiste en une longue pièce renforcée de poutres et de chevrons, qui n'est pas sans rappeler un cottage élisabéthain en Angleterre. C'est sombre et glauque. Une faible lumière passe par les fenêtres (quand elles ne sont pas bouchées par la neige), mais l'essentiel de l'éclairage provient d'un grand feu de bouses de yak qui brûle joyeusement au centre de la pièce. La fumée tourbillonne, et depuis l'extérieur on la voit parfois sortir par des interstices de la structure, comme de la vapeur s'échappant d'un sauna finlandais…

Peut-être aviez-vous imaginé, en vous hissant en haut de l'escalier, passer une soirée calme près du feu avec votre hôte, choyé par le petit bout de femme de ce dernier, à la fois active et humble servante. Vous n'aurez pas cette chance. La pièce est presque toujours bondée de Sherpas jusqu'à l'asphyxie. Certains sont assis sur le sol et parlent fort entre eux. Certains vont et viennent en portant chaudrons et casseroles. Certains alimentent le feu. Certains font cuire des pommes de terre. Certains nourrissent des enfants. Certains semblent morts. Bon nombre de ces gens sont des membres de la famille du propriétaire, bien d'autres (comme vous) ne font que passer ; mais tous sont parfaitement à l'aise, y compris s'il s'agit de s'occuper d'un bébé. Ne soyez pas timide.

Racontez une ou deux bonnes blagues en arrivant dans le groupe, ou bien glissez sur une peau de banane...

Les murs de cette grande pièce sont garnis de plateaux, de marmites, de casseroles, de seaux, de bols et d'autres objets moins identifiables mais symboles d'hospitalité, et bien vite vous serez en train de vous régaler d'un excellent repas. La vieille bique la plus agitée vous préparera une platée de pommes de terre bouillies relevées de sel du Tibet (et accompagnée de margarine tirée de votre sac à dos). C'est le régime de base des Sherpas, et mangé près d'un feu de bouses de yak dans l'obscurité d'une salle à manger sherpa, cela peut être délicieux. Il y a bien sûr du *chang*, servi dans des sortes de bacs plats, très épais et collant ; ou bien du cacao préparé par vos propres assistants ; voire du thé séché du Tibet, la plus épouvantable des boissons. Vous finirez par vous sentir bien parmi ces paysans à l'inaltérable bonne humeur, avant de vous étendre en arrière sur votre sac à dos avec vos patates et votre bol de *chang*, avec la lumière du feu scintillant sur votre visage, les bavardages bruyants des Sherpas à votre sujet, la fumée odorante tournant autour de votre tête, incarnant quelque monarque barbare rassasié en train de se reposer au milieu de sa cour.

Mais la vie des Sherpas était difficile et contraignante. Leur pays marqué par la rigueur et la pauvreté, était inhospitalier au point qu'ils se contentaient de conduire leurs troupeaux de yaks d'un pâturage à l'autre au gré des saisons. Parfois ils les emmenaient paître à plus de 4200 mètres, là où débutent les glaciers ; souvent ils les rassemblaient en caravanes pour transporter des marchandises depuis l'Inde, en franchissant le col de Nangpa La à plus de 5700 mètres. De nombreux Sherpas vivaient à Darjeeling, mais à cette époque leur pays n'était que peu touché par l'influence occidentale. Rien ne roulait à Sola Khumbu, hormis les moulins à prières... Pas de téléphone, bien entendu, ni de presse écrite ; pas de routes ; pas de médecins ; une ou deux boutiques sombres et perdues, qui vendaient une triste pacotille bon marché. Leur existence était fermée et anachronique, confinée dans leur merveilleuse et inaccessible contrée.

Je suppose que cet isolement expliquait pourquoi ils cédaient aux pires excès en termes d'agitation et de tumulte quand un étranger se présentait. Il ne fait aucun doute qu'une cellule profondément enfouie dans le cerveau des Sherpas les avertissait d'un danger « extraterrestre », et envoyait dans leur organisme un signe pour plastronner à grand renfort de farces. Mais en fait le Sherpa semble conçu sur mesure pour le chahut. Sa tenue était fonctionnelle mais merveilleusement pittoresque, et tout son corps respirait la joie. Le visage du Sherpa était rond et brun (presque aussi brun que celui d'un Napolitain brûlé par le soleil), ridé et plissé par les rires, avec les yeux bridés des Mongols et de hautes pommettes, le tout rappelant quelque peu une *Toby jug*[22] orientale. Son corps râblé était robuste et agile, et extrêmement sale... Il portait une sorte de chemise sous une cape. Sur sa tête trônait souvent un grand chapeau conique, un brocart doré à son sommet et de la fourrure à sa base, et il était chaussé de chaussures hautes brodées, aux couleurs vives avec des fleurs et des motifs ornementaux. C'était un spectacle incroyable de le voir dévaler un sentier de montagne, fin et souple comme une chèvre, le visage inondé de sourires de bienvenue, saoul comme un cochon à cause du *chang*, véritable incarnation de la camaraderie et d'un humour infini ! Falstaff aurait apprécié les Sherpas.

Mais hélas, quand le soir tombait, les vieilles femmes sherpas se mettaient à s'invectiver bruyamment dans l'obscurité, comme

22 N.D.T. Chope de bière décorée du visage jovial d'un personnage coiffé d'un tricorne, populaire en Angleterre dès le XVIIIe siècle. Elle devrait son nom au personnage shakespearien *sir* Toby Belch, bien que cette origine soit discutée.

des chouettes dans les bois ! Dans leur jeunesse, les Sherpanis étaient fragiles et touchantes. Avec leurs tabliers colorés, leurs bonnets en tissu et leurs chaussures à fleurs apparaissant sous leurs jupes longues, elles se tenaient à l'écart de la foule, souriant vaguement et portant sur le dos leurs bébés dans des ballots, totalement recouverts de couvertures. Elles ressemblaient à de pimpantes petites fées des prairies alpines. Mais l'âge mûr tombait sur les Sherpanis comme la foudre. Leurs visages devenaient vite fatigués et tirés, leurs voix désespérément horribles. Leurs gestes perdaient rapidement leur grâce et leurs teints l'éclat pur des montagnes. Elles ne manquaient pas de vous reluquer, et si par inadvertance vous sortiez les yeux du contenu du bol de *chang*, elles étaient toujours prêtes pour une remarque ou une boutade, laquelle, lancée à travers la pièce à destination d'une connaissance de l'autre côté, venait vous frapper comme un météore. Elles ne perdaient jamais leur confiance effrontée, quel que soit l'avancement de leur état de déliquescence ; mais les hommes les traitaient toujours sur un pied d'égalité, et elles jouaient un rôle important et même prépondérant dans les affaires de la communauté. Dès lors, qui ne voudrait pas être Sherpani ? Merveilleuses dans leur jeunesse ; désirées à l'âge adulte ; vraiment effrayantes en vieillissant ; respectées et consultées malgré la sénilité jusque dans leurs dernières heures. Elles illustraient le triomphe du féminisme dans toute sa splendeur.

Presque chaque jour, alors que je voyageai dans leur pays, les Sherpas m'ennuyèrent avec leur indiscrétion irritante. La notion d'intimité leur était totalement étrangère, et chacun pouvait entrer librement dans la maison d'un autre. Les vols étaient rares et tout le monde se connaissait. À la fin, je ne m'étonnai plus, alors que j'écoutai à la radio un concerto pour cor de Mozart interprété par Dennis Brain, de voir un groupe complet d'hommes des collines se bousculer à l'entrée de ma tente pour l'entendre aussi. Une fois, en revenant au camp à Tengboche, je ne m'énervai pas davantage en voyant un lama parmi les plus vieux, les plus sales et les plus joyeux, essayer mes lunettes ; il ne les ôta pas en me voyant approcher mais il m'observa un moment en essayant de faire le point sur mon image floue, avant de se jeter lourdement sur mon sac de couchage pour s'asseoir, en se tordant de rire. S'il me trouvait drôle, il aurait bien fait de se regarder...

Mais *au fond*[23], et surtout, on ne pouvait rêver compagnons plus adorables et plus loyaux. En échange de chaque instant d'ennui qu'ils provoquaient, les Sherpas m'ont donné des centaines de moments de plaisir. Quand une vieille bonne femme cessait de hurler, elle chargeait son fardeau de trente kilos sans un mot et s'éloignait dans le blizzard vers le glacier. À toute heure de la nuit et du jour, votre Sherpa se tenait prêt à s'activer pour cuisiner votre repas, faire chauffer votre eau, porter votre sac et gravir votre montagne. Il ne demandait rien de plus qu'un prix raisonnable, et éventuellement quelques vieilles pièces d'équipement qui ne vous serviraient plus ; en retour, il faisait bien plus que ses obligations, assurant toujours un service impeccable, une compagnie agréable tout en se souciant avec attention de votre santé. J'ai passé quelques jours avec Sonam dans sa maison à Chaurikharka pour me remettre d'un début de maladie ; je dormais dans une salle de temple sous l'œil de huit cents représentations de Bouddha ; tout au long de la journée, je recevais la visite de nombreuses et curieuses personnes venues me souhaiter le meilleur ; on me nourrissait de poulet coriace rôti et de *rakshi* ; on m'a toujours

23 N.D.T. En français dans le texte

traité avec courtoisie et une grande gentillesse. Mais je crains que le Sherpa que j'ai connu en 1953 appartienne bien vite au passé, effacé au profit de la gloire, de la fortune et du modernisme venu de l'étranger ; et je suis heureux de l'avoir connu sous cet angle avant cela.

Je garde notamment un souvenir ému de deux moments caractéristiques de la meilleure facette du peuple sherpa, à mille lieues des plaisanteries douteuses endurées dans la vallée. La première survint une nuit au camp de base, alors que j'étais assis à l'entrée de ma tente avec Sonam et deux autres Sherpas. C'était par une soirée claire et agréable, avec la masse de la cascade de glace qui se profilait comme une falaise phosphorescente au-dessus de nous. Nous avions parlé des années passées de l'Everest, le temps des anciens héros – Mallory, Norton, Tilman, Shipton –, et j'avais sorti de mon sac le livre de W. H. Murray sur l'histoire de la montagne. En parcourant ses pages, je tombai sur une photo du vieil abbé du monastère de Rongbuk sur l'itinéraire de la marche tibétaine de l'Everest, qui fut de son vivant une des figures les plus vénérées du bouddhisme sherpa, et un homme bienveillant et d'une grande piété.

Je dis à Sonam : « Regardez ça ! Il y a une photo de l'abbé de Rongbuk. Vous vous souvenez de lui ? »

Sonam ne me répondit pas, mais il prit le livre et regarda fixement la page, la tourna progressivement dans un mouvement rotatoire, la mit à l'envers avant de la réorienter correctement. Quand il l'eut finalement remise dans le bon sens, une expression très sérieuse et pleine de respect traversa son visage. Il posa la tasse qu'il tenait dans l'autre main et observa longuement et intensément la photographie, puis, très lentement, il pencha la tête pour toucher l'image du religieux avec le front. Doucement et silencieusement, il tendit le livre à ses compagnons, tel un acolyte passant le calice, et toujours en silence, tous s'inclinèrent devant lui. Le dernier homme la regarda gravement durant quelques secondes après son salut rituel, l'amenant doucement en face de ses yeux comme si ça l'aidait à la voir plus clairement. Puis, soudain, il referma sèchement le livre et me le rendit. Le charme était rompu ; quelqu'un alimenta le feu ; « Encore du cacao, sahib ? », demanda Sonam.

Le second événement se produisit un matin, alors que je marchais seul entre Namche Bazar et Tengboche après une brève incursion sur le glacier. La piste serpentait autour des versants de collines comme un sentier dans une agréable campagne de landes de bruyères typique du Somerset. Je progressais rapidement car j'étais impatient de rentrer au camp de base, et j'aperçus bientôt loin devant moi une autre silhouette solitaire se déplaçant dans la même direction. C'était une robuste femme sherpa portant un long tablier et un haut chapeau brodé. Malgré sa jupe peu commode, elle allait également bon train, marchant énergiquement à grandes enjambées sur le chemin, pas gênée par ses sacs à provisions et ses parapluies ; mais peu à peu je parvins à la rattraper, et dans une courbe resserrée de la piste, je fus en mesure de la dépasser.

Elle ne semblait pas s'être aperçue de ma présence, ne se retournant jamais pour regarder par-dessus son épaule, se contentant d'avancer régulièrement comme un cuirassé multicolore. Mais, alors que j'arrivai à sa hauteur, sa main gauche heurta soudain l'intérieur de la mienne ; nous restâmes en contact quelques instants ; on n'échangea pas un mot et j'étais trop surpris pour m'arrêter ; mais je sentis un petit objet dur passer de sa main dans la mienne.

Je regardai vers le bas pour voir ce que c'était en essayant de m'expliquer cette étrange transmission d'un voyageur à l'autre, et je m'aperçus qu'il s'agissait d'une petite noix brune. Quand je me suis tourné pour la remercier, elle a souri, a hoché la tête et m'a fait un signe de la main ; alors j'ai poursuivi jusqu'au sommet de la colline et j'ai cassé la coque de la noix avec les dents.

8.
MISE EN ŒUVRE

Vers la mi-mai, mes solides messagers faisaient le parcours retour jusqu'à Katmandou en un temps record, incités par un taux de rémunération grâce auquel ils se prenaient quasiment pour des Rockefeller, car, j'ai honte de l'avouer, j'ai eu tendance d'une manière générale à augmenter les prix dans tout le pays sherpa. Leur tarif de base pour le voyage à Katmandou (près de trois cents kilomètres en terrain difficile dans la chaleur de l'été) était d'environ dix livres. Mais je trouvais que ce prix ne suffisait pas à les motiver pour effectuer le trajet dans un délai acceptable. C'était ce qu'ils gagnaient pour le faire dans des conditions normales. J'ai dès lors appliqué un barème variable, un élément nouveau dans l'équilibre économique des Sherpas, souvent obligés de forcer les Tibétains à seulement respecter le taux de référence. Si le coursier mettait huit jours ou plus pour le voyage, il percevait dix livres, pas plus ; s'il le faisait en sept jours, il recevait quinze livres ; et s'il y parvenait en six jours, il gagnait la fabuleuse somme de vingt livres. Personnellement, je n'ai jamais trouvé ce montant excessif car c'était un formidable exploit d'endurance et de résistance d'avaler la distance aussi vite, et presque toutes mes dépêches atteignirent *The Lines* (l'ambassade britannique) en sûreté et dans les temps. En outre, la plupart des coursiers insistèrent pour emmener un camarade, pour la compagnie et pour la sécurité, et une partie de l'argent lui revenait probablement. En conséquence, au long des semaines les prix ont monté, et il y eut quelques froncements de sourcils à Londres quand j'ajoutai à mon compte les frais relatifs à un yak que j'avais fait abattre pour sa viande. Mais on connaissait d'autres demandes incongrues par le passé concernant des journaux ; je me souviens que pendant la campagne d'Abyssinie, le correspondant du *Christian Science Monitor* présenta une note pour deux esclaves…

Les coursiers se satisfaisaient certainement de leurs gains ; mais je suis sûr qu'ils couraient également aussi vite par sens de la loyauté. Deux d'entre eux, voyageant seuls, ont réellement parcouru le trajet en cinq jours, une prouesse ahurissante : une moyenne de quelque cinquante-cinq kilomètres par jour, comprenant la traversée de trois chaînes montagneuses à près de 3 000 mètres d'altitude, et un dénivelé négatif de 4 300 mètres pour passer de 5 500 à 1 200 mètres.

Parfois, en revenant de leur périple, ces rudes messagers me gratifiaient de petits cadeaux, généralement de minuscules œufs de poule enveloppés dans des feuilles. Un homme, fâché avec le *rakshi* local et qui me ramenait des provisions de Meksin, où cette boisson était particulièrement forte, et bien qu'il en boive une bonne partie en rentrant chez lui, était généralement en mesure de conserver l'équivalent d'une tasse ou deux au fond de sa bouteille quand il revenait au camp. Leur compagnie était aussi étrange qu'intéressante. Leurs visages étaient noueux et rieurs, et ils se déplaçaient parmi les pinacles de glace comme les personnages d'un conte de fées. J'aimais les regarder se mettre en route au camp de base en début de journée. Une fois dehors, ils passaient par ma tente, deux silhouettes bizarres avec de hauts chapeaux, d'immenses capes, des nattes et des chaussures de laine, avant de sauter agilement entre les blocs et dans le pierrier. Les gens de classe inférieure stopperaient dès le premier virage pour fumer ; mais je savais qu'eux auraient continué inlassablement à travers les collines jusqu'à ce que leur travail soit terminé, dormant dans des grottes, des cabanes ou à l'ombre des arbres dans la chaleur de midi, se déplaçant silencieusement dans la nuit. Puis ils descendraient le glacier, et depuis la dernière crête derrière le camp ils feraient une pause, se tourneraient, me lanceraient un signe d'adieu, tapoteraient sur leurs poitrines pour montrer que les dépêches étaient bien cachées sous leurs capes, avant de disparaître à grandes enjambées par-delà la moraine : deux improbables hommes des montagnes voyageant vers Katmandou avec les nouvelles de l'Everest.

On les arrêtait souvent en chemin pour les questionner, et on me contera plus tard l'anecdote sympathique d'un correspondant britannique bien connu, qui avait attiré l'un de ces hommes intraitables au bar du Nepal Hotel pour essayer vainement (avec l'aide d'un whisky ou deux) de lui extorquer des informations : autant interroger un fourmilier soupe au lait… Mais nos concurrents étaient évidemment actifs, et presque chaque coursier me faisait un compte-rendu plutôt sombre après avoir vu Hutchinson, en m'avertissant des pièges complexes tendus sur le chemin pour récupérer nos nouvelles. Les postes de surveillance fonctionnaient à plein régime. Les Sherpas étaient interceptés et cuisinés. La moindre bribe de rumeur était captée et minutieusement analysée. Mes propres messages étaient repris après publication, renvoyés à Katmandou et réécrits pour être utilisés par ailleurs. Des câbles en partance étaient dérobés. Une fois, un sac de courriers est arrivé à Katmandou avec le cadenas brisé, ce qui rendit le porteur, un des coursiers de l'expédition, très mal à l'aise.

Mais autant que je puisse en juger, personne n'accédait aux nouvelles avant le *Times*, grâce en partie à notre cryptage simple que nous n'utilisions jamais deux fois ; et mes articles apparaissaient désormais dans le journal sept ou huit jours après avoir quitté le camp de base. Le mécanisme des opérations semblait efficace ; mais bien entendu, nos concurrents ne s'intéressaient pas en priorité à l'évolution de l'expédition, mais à son issue. Je craignais plus que tout qu'un Izzard ou quelqu'un d'autre puisse atteindre Namche pour faire main basse sur la station radio ; ou, pire encore, qu'un correspondant vienne au camp de base équipé d'un émetteur portable, avec lequel, quand la nouvelle du succès ou de l'échec descendrait de la montagne, il flasherait un message à Katmandou en un clin d'œil. Mes Sherpas, sachant mon intérêt à l'égard de l'arrivée d'étrangers dans la région, me rapportaient constamment les rumeurs au sujet des voyageurs inconnus venant à Sola Khumbu. Ils m'informèrent que deux éminents ecclésiastiques anglais étaient mystérieusement apparus à Meksin, où ils avaient installé un camp sur une crête dominant le village ; j'ai essayé d'en savoir autant que possible, mais sans parvenir à rassembler assez d'éléments concrets relatifs à ces visiteurs inattendus coiffés de chapeaux de vicaires, en train d'étaler de la pâte d'anchois sur leurs *chapatis* ; ils finirent par s'effacer, et la description des coursiers se fit de plus en plus confuse, leur image devint de moins en moins probable, jusqu'au jour où un Sherpa me dit qu'il s'agissait simplement d'une erreur, et qu'il n'y avait jamais eu d'éminents ecclésiastiques anglais… Il fut ensuite question d'une dame américaine, censée chercher des fleurs rares en aval de Namche ; et d'un groupe inquiétant d'étrangers se dirigeant prétendument vers le Nangpa La depuis le Tibet. Et toujours cette représentation floue de Ralph Izzard, dont on rapportait sans cesse qu'il se trouvait ici ou là, allant et venant, montant et descendant, semblable à quelque vague figure allégorique ; enfin, un soir, comme une balle sortant du canon, cette annonce sérieuse à propos d'un groupe important d'Indiens, qui le matin-même aurait débuté l'approche vers le glacier du Khumbu !

Il fallait assurément s'en alarmer. L'expédition avait atteint une phase cruciale et excitante. Une voie était presque tracée dans la sévère face du Lhotse ; bientôt, si tout se passait bien, on monterait un camp au col Sud, et dans dix jours environ le premier assaut serait lancé. L'idée de cette bande de fureteurs remontant inexorablement le glacier me rendait nerveux. Je demandai à quoi ils ressemblaient. « Quel type d'équipement transportaient-ils ? » Les Sherpas répondirent « qu'il y avait M. Tiwari de la station radio à Namche ; et ce Sikh imposant à barbe noire, vous le connaissez ; et des policiers indiens ; et ce représentant de la presse, un autre Indien, bardé d'appareils photographiques, comme un yak chargé, ha ha ! Et ils avaient des tentes, des sacs de couchage et des caisses, comme s'ils envisageaient un long séjour ; oh oui, et l'un des policiers portait une caisse vraiment grosse sur son dos, très lourde, un peu comme la vôtre, sahib, celle avec laquelle vous écoutez de la musique, bien que différente. » Ils trouvaient que M. Tiwari était plutôt fatigué, mais l'homme de presse allait bien.

Durant les longues heures de ces jours glaciaux, j'attendis l'arrivée de ce cortège, en regardant anxieusement en aval de la moraine en quête d'une première vision de cette funeste caisse, qui ne pouvait être, à mon sens, qu'un émetteur radio, et peut-être, d'ailleurs, carrément l'émetteur indien, monté spécialement avec le vélo fixe et tout le reste. J'entrevis alors une conclusion infamante à mon aventure, avec le *Times* honteusement battu sur son propre terrain ! Les jours passèrent sans qu'ils donnent le moindre signe de vie, et j'ordonnai à chacun de mes coursiers de faire croire, plus bas dans la vallée, que si un émetteur radio apparaissait au camp de base il serait inévitablement détruit à coups de piolet par l'impitoyable correspondant blanc que j'étais. Toutefois, la propagation de cette image de férocité pour me décrire n'empêcha pas l'arrivée des Indiens ; par un après-midi froid, je vis quelques silhouettes courbées et éprouvées se rapprocher du camp, plusieurs s'arrêtant à bout de souffle en cherchant leur respiration (je me souviens parfaitement avoir éprouvé cela !), d'autres cherchant anxieusement des marques d'hospitalité. La concurrence était là.

Dans ce groupe qui n'était pas le bienvenu, le plus fringant et le plus enthousiaste était le correspondant, un Bengali sympathique engagé par un journal londonien pour entreprendre cette aventure. M. Tiwari s'affala sur une caisse d'emballage, très abattu. Il se ressentait beaucoup de l'altitude et je le gavai en toute hâte d'aspirine et de thé. Le gros sikh, dans sa veste doublée de fourrure, était fatigué mais il semblait s'amuser ; bien qu'en poste à Namche, il ne s'était jamais enfoncé dans un milieu montagnard aussi hostile. Ils nous apprirent que deux autres Indiens étaient tombés sur le glacier plus en arrière et qu'ils arriveraient en retard. Je me dis alors qu'il s'agissait des hommes avec l'émetteur !

Ils étaient accompagnés de porteurs sherpas, et je craignais qu'en se rapprochant trop près des quelques Sherpas de notre expédition maintenant présents au camp de base, ces hommes obtiennent sans mal des informations auprès des nôtres. Et, pris d'un impardonnable accès d'autorité, comme élevé au rang de Seigneur du Glacier selon quelque ordonnance antique mal définie, je les sommai d'installer leur camp aussi loin que possible du mien ; et nos Sherpas avaient l'interdiction de parler aux leurs.

Je n'ai pas l'habitude de me comporter de façon tyrannique, sauf quand je prends mon petit-déjeuner ; mais nos différents degrés de forme me mettaient dans une position trompeuse de supériorité. Les Indiens, les pauvres, étaient naturellement éprouvés par l'altitude, et même les policiers qui vivaient toute l'année autour de 3 000 mètres ; mais à ce moment-là, j'avais atteint mon pic de forme physique, tout mon surpoids avait disparu, mes muscles étaient affûtés, ma respiration excellente et mon esprit (à près de 6 000 mètres, quand même) relativement clair. J'assénai donc mes directives avec aplomb et sans crainte d'être contredit ; et effectivement, elles furent appliquées. M. Tiwary se retira d'ailleurs dans sa tente, seulement soucieux de trouver le sommeil ; tout comme le gros sikh. Et je m'installai avec le correspondant pour une très agréable soirée autour du *rakshi*.

Néanmoins, la nuit approchant, le sort des autres Indiens nous vint à l'esprit, car à cette heure-là ils auraient sans nul doute dû trouver leur chemin sur le glacier. Il allait bientôt faire noir, ce qui rendrait la moraine périlleuse, et les hommes, dépourvus de tentes et de sacs de couchage, ressentiraient bientôt les effets du froid. La lune s'était levée et éclairait les pinacles de glace d'un halo fantomatique. Il régnait dans l'air un calme et un silence de mort, et nos pieds faisaient craquer la fine couche de neige, ou bien butaient et glissaient contre les blocs. Un de mes Sherpas avait emmené une sorte de cor d'un autre âge, et de temps à autre, alors que nous marchions, il en tirait un son aigu, dont l'écho, métallique et envoûtant, du haut vers le bas du glacier, rebondissait contre les montagnes. Nous hurlions, également, et nos voix se propageaient en contrebas vers le sud, dans les vallées ; enfin, nous éclairions nos lampes dans les défilés, et de loin on aurait dit que le glacier était vivant et habité d'esprits. Nous les avons finalement trouvés à trois ou quatre kilomètres du camp, déjà recroquevillés dans le pierrier sous leurs pardessus, tels de gros animaux laineux en train d'hiberner dans un trou. Alors qu'ils se dressaient en grinçant pour nous saluer, je regardai immédiatement leurs bagages, entassés derrière eux dans l'obscurité. Et je fus récompensé à hauteur de mon mérite. Il n'y avait pas de radio ici, et la seule caisse que je voyais était une grande boîte en métal, d'évidence destinée à contenir des oignons et des sandwiches au jambon lors de l'incursion d'un régiment de cavalerie indien comme le Skinner's Horse. Nous sommes repartis tranquillement jusqu'au camp, où je constatai que nos deux groupes de Sherpas respectaient scrupuleusement leur ségrégation.

Les Indiens partirent le lendemain matin. S'ils avaient planifié un long séjour au camp de base, ils avaient changé d'avis. M. Tiwari ne semblait pas bien du tout, et il était sans doute impatient de retrouver ses obligations. Inexplicablement, le correspondant ne paraissait pas disposé à rester plus longtemps, mais il me demanda de bien vouloir lui montrer un endroit pour photographier la cascade de glace. Je le conduisis au sommet d'une butte voisine, d'où nous observâmes tous deux l'immense cataracte de glace blanche. Il sortit un téléobjectif et prit quelques photographies. Je laissai mon regard vagabonder très loin, jusqu'à la cime du Lhotse qui dominait la cascade de glace, en me demandant si les grimpeurs s'en sortaient là-haut, si la face du Lhotse les avait repoussés, ou bien s'ils avaient désormais installé un camp au col Sud, à près de 8 000 mètres au-dessus du niveau de la mer.

Cette nuit-là, des nouvelles me parvinrent de la combe Ouest. Chaque soir je montais jusqu'à mon poste d'observation sur la moraine pour échanger par radio avec Hunt. Ce qui ne marchait pas toujours... Parfois à cause de mauvaises conditions atmosphériques. Tous les camps n'étaient pas reliés entre eux à cause de la présence d'arêtes ou de piliers qui empêchaient les communications. Il arrivait aussi que les piles ne soient pas assez chaudes et que les émetteurs manquent de puissance. On entendait alors dans le vide ambiant une voix faible, aiguë, saccadée et hachée, alternant avec de longs silences et d'horribles crachouillis. Et parfois je les entendais mais eux ne me recevaient pas, ce qui était de loin le plus énervant. Mais cette nuit-là, j'établis le contact pour apprendre que les opérations dans la face du Lhotse se passaient mal. La pente s'avérait terriblement difficile et les alpinistes avaient des problèmes pour préparer un quelconque itinéraire. Chaque matin ils devaient laborieusement tailler des marches et poser les cordes fixes ; chaque après-midi, la neige tombait, impitoyable, et anéantissait leurs efforts. Pour l'heure, toute l'expédition marquait le pas ; tant qu'ils n'auraient pas atteint le col Sud pour y stocker des provisions, il n'était pas question d'envisager un assaut vers le sommet. On pouvait redouter un échec complet.

La voix dit alors : « Montez vers nous, nous avons beaucoup de place au camp IV et vous pourrez voir par vous-même. Et si vous venez, James, merci de m'amener une antenne radio de rechange, et quelques barres de chocolat, et le *Times* si vous avez quelques numéros récents, et bien sûr le courrier éventuel… Oh, et dans la boîte à outils, vous trouverez une de ces clés de serrage de grande taille, merci beaucoup. Bonne nuit ! »

Ce que je fis. Michael Ward, après une brève visite au camp de base, devait remonter ; et Stobart voulait tourner des scènes dans la cascade de glace ; nous partîmes donc ensemble, Ward en tête, Stobart s'arrêtant de temps en temps pour gagner un pinacle proche et nous filmer en action. Il avait à peine récupéré d'un début de pneumonie, pris le temps d'une convalescence rapide plus en avant sur le glacier, mais c'était un homme sec et résistant doublé d'un alpiniste compétent, et il poursuivait son but inlassablement. Ward l'orgueilleux prenait son mal en patience durant ces longues pauses, s'efforçant d'ignorer les étrangetés qui se passaient derrière lui (le caméraman choisissant une petite crevasse convenant pour y enfoncer son trépied, pendant que le correspondant se débattait avec la corde qui s'emmêlait dans ses crampons), avant de reprendre sa progression obstinée vers le haut.

Ce fut une journée déplaisante. On ne s'arrêta pas au camp II pour continuer péniblement dans la neige lourde jusqu'au bout de la cascade de glace. On ne distinguait presque rien d'une éventuelle voie car la neige recouvrait tout d'une couche épaisse, et Ward devait évoluer avec beaucoup de précaution en cherchant son chemin et en sondant les passages dangereux. C'était un type élancé et souple, et j'ai toujours pris du plaisir à le voir en action, même dans ces circonstances désagréables ; il était d'une maîtrise remarquable en termes d'équilibre comme de gestuelle, et quand il tournait vers vous son visage souriant et bronzé, on aurait cru que quelqu'un avait dessiné une moustache sur un chef-d'œuvre de Praxitèle. Nous progressions lentement, une phase que l'on retrouvera ensuite immortalisée dans une séquence du film *The Conquest of Everest*, et qui illustre à merveille nos désagréments cet après-midi-là. Nous nous sommes traînés jusqu'au camp III au crépuscule.

Le temps changea dans le bon sens ; et au lever le lendemain matin, après avoir grimpé jusqu'à l'extrémité de la cascade de glace, je me suis retrouvé face à une combe Ouest baignée de soleil, un ciel bleu et pur, et une neige immaculée. Cela différait vraiment grandement de ce que j'avais vu lors de ma première venue en ce même lieu, alors encerclé par les murailles rocheuses et subissant le blizzard dans un furieux maelstrom ! Tout était désormais clair et éblouissant. Le ciel était parfait, hormis deux volutes vaporeuses de neige qui s'échappaient des cimes du Lhotse et de l'Everest. Les montagnes environnantes étaient merveilleusement nettes, et les ombres des arêtes et des blocs noires et abruptes. J'ai d'abord pensé que le fond de cette combe Ouest recelait quelque chose de cosy, bien à l'abri sur le versant de cette montagne, protégé par les immenses remparts du Lhotse et du Nuptse, à l'abri des coups de vent qui balayaient le col Sud, surveillé à son extrémité occidentale par la sentinelle gracieuse du Pumori. Si on exceptait un ou deux inconvénients inévitables, je me dis qu'il pourrait s'agir d'un lieu sympa pour un pique-nique. Elle avait réellement un je-ne-sais-quoi d'ordinaire en elle.

Cette impression s'estompa. Plus tard, je fus progressivement gagné par la sensation qu'il y avait quelque chose de déformé et de surnaturel dans la combe Ouest. Elle était assurément isolée et protégée ; et surtout effroyablement immense. La muraille du Nuptse se dressait au-dessus d'elle en formant une vaste barrière infranchissable, énorme de démesure, près de 5 000 mètres de longueur pour une altitude supérieure à 7 600 mètres. Une chose inimaginable ! Au bout d'un certain temps, le reste de la combe paraissait enflé et distendu, comme dans un rêve fiévreux, avec une certaine précision diabolique dans l'horreur, comme si la nature avait pour une fois oublié d'être raisonnable. Mais ici, je n'ai jamais été convenablement acclimaté lors de mes visites dans la Vallée du Silence (pour reprendre la désignation théâtrale des Suisses), et c'était une combe vue par des yeux malades.

Atteindre le niveau de la vallée se traduisait par une longue montée éprouvante. La pente n'était pas raide mais l'altitude considérable, et à la mi-journée le soleil brûlait. Ennuyeuses et irritantes, les crevasses zigzaguaient à travers la combe et apparaissaient sans cesse en travers du cheminement, nous obligeant à faire des détours en les longeant partout dans la vallée, jusqu'à ce qu'il soit possible de les traverser. Ici et là, disséminés et posés dans la neige, on voyait des rochers et des blocs tombés des hauteurs qui nous dominaient. Un lieu mort et vide.

Le camp IV était placé vers le sommet de la combe, à l'ombre du rempart nord de l'Everest. Après avoir remonté ce désert enneigé d'altitude, je m'inquiétai à la vue des petites tentes que j'assimilais à un mirage; mais elles existaient bien, et dans une sorte de tente-cabane aux côtés ouverts au vent, je trouvai John Hunt effrayant avec sa crème protectrice, coiffé d'un chapeau en lin avec le bord avant tourné vers le haut, occupé à résoudre quelque problème complexe de poids et de mesures. Je pris place près de lui pour manger quinze des biscuits suisses Ryvita retrouvés enfouis dans la neige un peu plus haut suite au passage des expéditions précédentes. Arrosés de limonade, ils étaient absolument délicieux.

Notre avenir s'était un peu éclairci depuis notre conversation radiophonique. Pour la première fois, les chutes de neige de l'après-midi avaient épargné la combe Ouest à cette altitude, rendant les opérations plus faciles dans la face du Lhotse. Ce jour-là, on voyait derrière nous de grands bancs de nuages en train de remonter le glacier du Khumbu, prêts à se vider comme des fleuves abusifs sur le camp de base et la cascade de glace. Mais ils ne parvinrent pas jusqu'à la combe Ouest. Pour une fois depuis bien des jours, la météo nous souriait timidement. Hunt me tendit ses jumelles et me demanda d'inspecter la face du Lhotse, bien plus haut. Loin, très loin au-dessus de sa face crénelée, barrée partout par les crevasses, les séracs, les arêtes enneigées et les ressauts irréguliers, je pus distinguer durant quelques instants deux silhouettes semblables à des fourmis, avançant lentement dans l'immensité blanche. Lowe et le Sherpa Ang Nyima, qui n'avait cessé de faire les quatre cents coups durant la marche d'approche, travaillaient dans la voie. Ils ne ménageaient pas leur peine depuis dix jours, établissant un record de durée à cette altitude, et plus tard, ils iront encore plus haut en soutien des cordées d'assaut. Maintenant leur rythme baissait et ils se ressentaient de leurs efforts. L'itinéraire praticable dépassait la moitié de la face, mais il restait à ouvrir la section menant au col Sud. Le cheminement là-haut semblait long, dur et inhumain ; les silhouettes dans la paroi paraissaient désespérément petites et lentes : et le ciel infini.

Quelqu'un dit : « Croisez les doigts pour la météo, James. » Ce que je fis les jours suivants, croisant les doigts, touchant du bois, jetant du sel par-dessus mon épaule, implorant toutes les divinités censées planer autour du sommet de l'Everest pour éloigner la neige et le vent.

Je craignais toujours, lors de ces sorties sur la montagne, que quelque chose de terrible puisse arriver au camp de base. D'autres concurrents s'y étaient peut-être présentés. Mes coursiers étaient peut-être en grève, me privant de toute communication. Quelqu'un avait peut-être dérobé les caisses de trésor. Après avoir assisté à ces événements dans la face du Lhotse, qui constituait alors le principal obstacle, je revins sur le glacier pour me consacrer à mes tâches habituelles. Dans ce camp désolé loin de tout centre normal d'habitat humain, en vivant généralement seul avec les Sherpas, on pourrait croire que cela se passe dans l'ennui. En fait les jours passent vite. En début de matinée, quand la chaleur du soleil levant se fait sentir sur ma tente, en réchauffant soudain l'intérieur comme si on orientait directement un radiateur vers mon sac de couchage, je profitais de ces circonstances favorables pour écouter les nouvelles sur mon poste, parfois de Londres mais généralement de l'Inde, ou bien je m'étendais quelques minutes, agréablement stupéfié par les banalités de Radio Ceylan (dont l'une des émissions régulières débutait avec une chanson intitulée

Beyond the Blue Horizon). Puis venaient le petit-déjeuner et les œufs brouillés au soleil, avec les Sherpas bavardant et mangeant bruyamment autour de moi ; je faisais ensuite ma toilette et me brossais les dents dans une bassine basse et ronde juchée en équilibre instable sur une caisse d'emballage, et qui souvent se déversait dans ma tente... Le jour où je devais rédiger une dépêche, je le faisais à l'extérieur, avec la feuille de papier qui claquait et se déchirait dans le vent, pendant que le carbone se coinçait dans le chariot de la machine à écrire ; je me servais de fréquentes tasses de thé ou de limonade, sous les yeux surpris et bigleux de quelques craves à bec rouge joueurs. Je me suis souvent dit que si seulement ils savaient parler, ils pourraient me dire ce qu'ils voyaient plus haut ! Ou bien aller à la pêche aux informations pour moi par-delà la cascade de glace !

Suivaient ensuite le briefing des coursiers et le règlement d'une avance sur honoraires ; les poignées de mains et les remerciements ; la fermeture des enveloppes en public ; et ce petit rituel des adieux que j'ai déjà décrit. Peu après le départ des messagers, l'arrivée d'un groupe de Sherpas généralement menés par un sahib était fréquente ; accompagnés du cliquetis des crampons et du joyeux balancement des piolets, ils débarquaient à grandes enjambées dans le camp comme des héros. Ils étaient parfois munis d'une note et me demandaient d'envoyer plus haut du câble, des pièces pour la radio, des céréales pour le petit-déjeuner, des crampons ou du cacao. Souvent, ils rapportaient aussi un papier sur lequel un alpiniste bienveillant avait griffonné quelques informations dans un moment de temps libre.

Parfois, dans l'après-midi, je partais seul explorer la partie supérieure du glacier. Un lac glaciaire s'étendait à l'ouest du camp de base, protégé par des ressauts et des remparts de glace ; mais si on entrait et crapahutait entre les pinacles, en se glissant à travers la glace on finissait par se retrouver au cœur du grand cirque de montagnes qui barrait la vallée de Khumbu. Il formait un immense fer à cheval de pics très symétrique, et avec la vallée glaciaire elle-même qui descendait vers le sud en suivant un large ruban, toute cette formation me rappelait beaucoup ces planchettes oblongues en bois aux extrémités arrondies qui venaient glisser dans les plumiers des écoliers. Il m'arrivait aussi de gravir péniblement une partie du versant du Pumori, pour regarder une nouvelle fois la cascade de glace dans la combe, et contempler longuement et attentivement la face du Lhotse aux jumelles (le prêt d'un collègue pour lequel j'avais fait de même avec un appareil photo pour son voyage au Groenland l'année précédente). Tout semblait indiciblement isolé et désert ; et, les jours passant, alors que le temps s'améliorait, je trouvai que l'Everest lui-même paraissait de plus en plus méprisant et puissant, tel un boxeur prenant des poses provocantes avant la pesée.

Chaque soir à dix-neuf heures je recevais un appel radio de la montagne. Avec les piles bien protégées sous ma veste coupe-vent, je gravissais consciencieusement ma butte sur la moraine avant de mettre en route. Les premiers jours, je peinais toujours avec l'ensemble du poste radio, plus tard, je le déposerai dans une caisse en bois, comme on cacherait de l'or. Le son des voix *via* le système sans fil était toujours ténu, capricieux et entrecoupé de craquements, de pleurage et autres bruits de succion. Je parvenais parfois à saisir la moitié d'une conversation – par exemple, quelqu'un au camp IV parlant avec le camp VI dans la face du Lhotse –, et subir ce silence déformé qui constituait l'autre moitié du dialogue m'inquiétait. Souvent, toutefois, une voix (en général celle d'Hillary) tonnait gaiement dans les écouteurs du casque, évoquant un musicien des rues dans une foire. Cette procédure radio de l'expédition était terriblement frustrante ; mais je ravalai bien vite mes restes de pédanterie militaire à ce propos pour me fondre aisément dans ce système imparfait.

Enfin, après avoir englouti une platée de pommes de terres bouillies, cuites dans leur peau et délicieusement accompagnées de margarine et d'oignons, j'allais au lit. Les nuits étaient froides et silencieuses, la lune pleine et les étoiles d'une pureté cristalline ; et d'une manière générale, j'étais seulement gêné par le grondement d'une avalanche au-dessus de moi, ou par un tressaillement soudain et déconcertant du sol, doublé du bruit des pierres s'entrechoquant, qui rappelait que notre petit camp était monté sur un glacier en mouvement.

Après seulement quelques jours, cette routine tranquille s'interrompit brutalement. Tout se produisit soudain en même temps. Ce fut d'abord une de ces vagues et troublantes rumeurs au sujet de l'approche d'un étranger. Elle nous menaçait une nouvelle fois du spectre d'un émetteur radio flashant ses messages ici au camp de base, sous mes yeux, avec une nuée de porteurs sherpas d'altitude tournant autour comme des gamins excités, et déversant dans son mécanisme de réception toutes les dernières nouvelles venues de l'Everest. Je réitérai frénétiquement mes avertissements à propos du piolet ; heure après heure, je ressortis à mes malheureux Sherpas la nécessité de garder le secret ; et peu après, juste avant de prendre le thé par un après-midi couvert, je vis, émergeant derrière une crête lointaine comme un phoque remontant en surface pour respirer, la tête de Peter Jackson, envoyé spécial de Reuters et l'un de mes vieux collègues. Pendant un moment, cela m'embarrassa. Je m'étais éventuellement préparé pour empêcher tout parfait étranger d'envoyer des messages radio depuis le camp de base ; mais Peter Jackson, eh bien, il avait toujours été très sympa à mon égard... Mais tout se passa bien ; quand son corps suivit sa tête, puis un petit groupe de Sherpas complètement lessivés, je m'aperçus qu'il voyageait très léger, et assurément sans la moindre radio.

Ce fut une joyeuse rencontre. Jackson était en forme et content, et nous avons partagé un goûter copieux. Il dit qu'il n'avait nullement l'intention de passer la nuit avec moi, et projetait de revenir au lac glaciaire, puis à Tengboche. Il y avait loué une maison au monastère d'où il jaillissait chaque matin comme une araignée pour intercepter mes messagers ; mais comme c'étaient des hommes honnêtes et lui le plus respectueux des correspondants, ils ne lui dirent rien. Je lui demandai ce qu'il savait d'Izzard. Avait-il des nouvelles de lui ? Il me rassura encore. Izzard était bien reparti pour Calcutta avant de revenir à Katmandou ; mais rien n'indiquait qu'il retournerait à l'Everest. Et M. Tiwari à la station radio ? Jackson me répondit : « Il reste toujours très avenant mais je n'en sais guère plus sur lui. » Jamais je n'avais autant apprécié Jackson avant cette conversation ; et quand il quitta effectivement le camp, juste au moment où il l'avait dit, cet homme m'a fait chaud au cœur. Je me souviens lui avoir souhaité le meilleur alors qu'il se lançait hardiment dans la descente du glacier. J'allais le revoir une fois avant la fin de mon aventure.

Une autre surprise agréable se produisit bientôt. On ressentait désormais dans l'air la tension et l'excitation qui montaient, et j'eus même l'impression que les craves sautillaient avec plus de gravité. Nous partagions tous, Sherpas comme sahibs, cette sensation d'espérance. Et je ne fus pas surpris quand un Sherpa, s'extrayant d'un groupe rentrant de la combe Ouest, vint à grand pas jusqu'à moi pour me tendre un papier froissé, son visage sale fendu d'un sourire éclatant. Noyce en était l'auteur. Il avait atteint le col Sud, venant à bout de la muraille de la face du Lhotse. Le camp VIII était établi à 8 050 mètres. On pouvait commencer les assauts.

La petite note griffonnée de Noyce évoquait un message d'un autre monde, ne serait-ce que parce qu'elle décrivait ses sentiments pour avoir gagné l'un des sites les plus reculés jamais visités par l'homme. En la lisant dans la lumière du soleil, je n'eus aucun mal à imaginer la scène là-haut, bien au-dessus de la combe Ouest, sur un petit plateau désolé balayé par un vent qui empêche la neige de tenir, et exposé de toutes parts aux éléments. Noyce a gravi lentement les derniers mètres de la face du Lhotse avant d'observer la crête menant au col. Pour se trouver face à une vue d'épouvante. Au beau milieu, parmi les pierres, se tenait une tente, ou plutôt une tente fantôme, son squelette ; quelques piquets tordus et nus, quelques lambeaux de toile flottant dans le vent. C'était un souvenir des alpinistes suisses venus là en 1952, les seuls êtres humains précédemment parvenus en ce lieu effrayant. Il y avait du vent quand Noyce a vu cette scène. Et comme il avait sécurisé la voie en montant jusque-là avec son fidèle compagnon, le courageux Sherpa Annulu, il redescendit au camp dans la face du Lhotse. « C'était une sensation plutôt troublante », disait la note de Noyce. Et j'avoue que le grain grossier du papier, l'écriture irrégulière et le vent qui paraissait encore imprégner le papier m'ont fait frémir en le lisant. Mais le messager sherpa, qui remarqua peut-être que j'étais un peu ému, me secoua encore par la main et rit très fort, avant de se débarrasser de son chandail moucheté de neige et de s'éloigner d'un pas las en quête de nourriture.

C'étaient de bonnes nouvelles que j'envoyai sans tarder à Katmandou. Le plan de Hunt avait été retardé par les mauvaises conditions dans la face du Lhotse, mais les premiers signes de la mousson ne venaient toujours pas, ce qui aurait bien sûr pu mettre fin aux tentatives, les chutes de neige n'atteignaient plus la haute altitude et le vent soufflait un peu moins fort. Le ciel était bleu et calme ce jour-là, et le sommet paraissait presque nous inviter. Peu d'entre nous pensaient qu'Evans et Bourdillon atteindraient le sommet, handicapés par le système d'oxygène non testé et par les circonstances de leur assaut, que d'ailleurs Hunt a toujours qualifié « de reconnaissance ». Mais ils se prépareraient pleins d'espoir pour leur performance, et un ou deux jours après, Hillary et Tenzing les suivraient depuis le col Sud, avec Hunt, Gregory et Lowe chargés de monter le camp le plus haut de l'histoire de l'alpinisme, le camp IX à 8 500 mètres. Tout cela était très excitant. Je bénis Jackson d'être reparti aussi vite et Izzard de ne pas être revenu, et je lançai une invocation en faveur de M. Tiwari, dont l'aide involontaire serait très bientôt sollicitée.

J'eus une autre excellente raison de m'exciter en ce beau jour. En arrivant au sommet de ma butte en réchauffant mes piles, puis après avoir sorti la radio de sa cache, c'est la voix de Band qui me parvint, dans des conditions surréalistes. Nous parlâmes difficilement de tout et de rien ; du col Sud et des premiers assauts ; des prévisions météo que nous envoyait spécialement chaque soir la BBC depuis Londres. J'avais manqué le bulletin de la veille et je lui demandai ce qu'il en était.

Il me dit : « Oh, si vous ne l'avez pas entendu félicitations pour *bubbly bubbly* votre *switch switch* ! »

Je répondis : « Quoi ? Je ne vous entends pas ! »

« Félicitations pour votre *wheeee zugazug* ! Bravo à vous ! Ils l'ont annoncé juste après le bulletin, vous savez ! »

« Je suis vraiment terriblement désolé, George, mais je ne vous entends absolument pas ! »

« Votre *sugsugsugsug* ! Votre *swithchabubblebubble* ! Votre f-i-l-s ! » Mon fils ! Ainsi j'avais un autre fils ! Il me faut en prendre note…

9.
HOMMES DES NEIGES

Seulement quelques jours à patienter avant de savoir si ce serait le succès ou l'échec! Durant ces heures de suspense, j'eus de longues conversations intimes avec mes Sherpas; et l'atmosphère était si chargée de mystère et d'excitation qu'assez souvent notre discussion abordait ce fameux personnage himalayen qu'est l'abominable homme des neiges (*Homo niveus disgustans*); ou, comme l'appelait le peuple sherpa, le yéti. Cela faisait certes quelque temps que des expéditions étaient venues en Himalaya pour se pencher sur la question de cette créature légendaire, mais l'homme des neiges restait un mythe, avec comme seul indice pour marquer sa présence quelques rares, grandes et profondes empreintes dans la neige. Durant notre expédition nous n'avons rien vu de lui; quelqu'un entendit une fois un curieux sifflement sur le glacier supposé être l'appel du yéti; d'innombrables histoires à son sujet nous étaient rapportées par les Sherpas; mais il ne fit que rôder autour de nous, informe, hélas sans jamais prendre la moindre forme concrète, se contentant d'aller et venir vaguement dans nos conversations.

Le glacier du Khumbu ressemblait à une terre d'élection idéale pour l'homme des neiges, et parfois j'allais déambuler dans ses défilés et ses cavités, espérant entrevoir furtivement une tête hirsute de yéti, tout en me demandant ce que je pourrais bien faire si je tombais sur une famille entière. Leur jeter des pierres ? M'enfuir ? Me cacher ? Je tenais toujours prêt mon appareil photo lors de ces sorties, mais je n'ai jamais vu la moindre tête hirsute, ni entendu les jeux joyeux de bébés yétis. De la même façon, c'était assez bizarre de se faufiler dans ces passages sombres de la moraine, avec aucun autre être humain en vue à des kilomètres, juste les petits rats sans queue détalant dans le pierrier ; dans un silence seulement brisé par le grincement du glacier en marche et les craquements de la glace. C'était la dernière semaine de mai et le dégel avait commencé, de nombreux pinacles de glace parmi les plus élevés rétrécissaient pitoyablement et les ruisselets avaient gonflé. J'évoluais résolument dans cet univers sauvage en sifflant de façon un peu ostentatoire, mon esprit hésitant entre le yéti et le col Sud.

Alors que nous étions assis près du grand feu de camp pour discuter, il ne faisait aucun doute pour mes Sherpas que le yéti existait. Ils avaient grandi avec sa présence. Si jamais vous leur demandiez s'ils croyaient à l'homme des neiges, ils vous répondaient avec un air d'indulgence compatissante, c'était comme demander à un chauffeur de bus londonien s'il croyait à l'existence de Tower Bridge. Tous avaient des expériences à relater et certains affirmaient avoir vu l'homme des neiges. Plusieurs étaient présents en une célèbre occasion, quand un yéti apparut sur la colline dominant Tengboche en plein milieu d'un festival religieux très suivi par les Sherpas ; les moines, cherchant une solution pour s'en débarrasser, ordonnèrent sagement au groupe du monastère de commencer à jouer une sérénade sur la base de tambours et de conques, et en clin d'œil le yéti, en se bouchant les oreilles, s'est enfui à grandes enjambées dans la neige. D'autres assurent que les toits de leurs maisons familiales, sécurisés à la manière alpine par des empilements de pierres, avaient été gravement endommagés par des hommes des neiges en maraude. Un homme prétend même en avoir vu un en train de creuser dans un jardin en quête de racines. À quoi ressemblait-il ? « Exactement à vous, sahib », dit l'effronté grouillot pour répondre au rire gras de nos compagnons. Je suggérai qu'on lui coupe les oreilles, mais personne ne releva.

Pour un reporter consciencieux, c'était difficile de faire le tri entre le factuel et le fantaisiste dans les comptes-rendus de telles expériences ; et souvent j'identifiais des réminiscences de farfadets, de gnomes de Cornouailles, lutins des forêts et autres produits de l'imaginaire campagnard.

Mais je repris : « Allons, arrêtez de plaisanter et dites-moi exactement à quoi cette chose ressemblait, que vous affirmez avoir vue manger des oignons sous le porche de votre oncle. Quelle était sa taille ? Il était plus grand que vous ? »

« Légèrement, sahib, un petit peu plus petit que vous, mais de stature très imposante. Il était brun et entièrement recouvert de poils, très hirsute. Il marchait à quatre pattes ou debout, et poussait deux cris différents. Parfois il grognait, comme ça – urgh, urgh ! –, parfois il émettait une sorte de sifflement. Il possédait des orteils, exactement comme nous. Il se déplaçait très vite. Il avait deux yeux. Et des oreilles. Il était entièrement recouvert de poils bruns. Il portait une sorte de crête de cheveux sur la tête. Ah oui, et il avait les pieds à l'envers, sahib ! »

Pieds à l'envers, des seins pendant si bas que les femelles ne pouvaient courir qu'en montée, des bras assez puissants pour écraser, un penchant pour le *chang*, autant de détails pittoresques auxquels les scientifiques, je pense, n'auraient de toute façon accordé aucun crédit. Mais malgré tout, il ressortait de ces fantaisies délirantes une vague forme anthropomorphique couverte de poils bruns avec une crête sur la tête, une description qui semblait commune à tous les Sherpas. Et à cette image commune s'ajoutait la crainte de la chose teintée de répugnance, comme si le yéti était malfaisant et sale (il doit être vraiment très sale pour indisposer les Sherpas…). Ils disaient pourtant : « Il est féroce, quelquefois il mange des yaks et parfois des humains, et son pelage est répugnant. » Je me suis souvent demandé jusqu'à quel point il l'était, alors que je vagabondais dans la moraine à sa recherche.

Des mois plus tard, alors que l'Everest était loin derrière nous et que nous avions tous un peu goûté aux fruits de la bonne fortune, je voyageais en train avec Ed Hillary, Charles Evans et George Lowe entre Philadelphie et Washington. Il était très tard dans la nuit. Nous avions donné une conférence à Philadelphie, et une cérémonie nous attendait le lendemain matin à la Maison Blanche. Le train, local et lent, brinquebalait et cliquetait irrégulièrement dans la nuit. Deux dames âgées jacassaient doucement dans un coin et trois hommes étaient allongés dans un autre, les pieds sur les sièges, leurs chapeaux de feutre baissés sur les yeux, et ronflaient. Parfois, un homme endormi en salopette blanche se présentait pour vendre du lait et des boissons gazeuses. Le conducteur était assis du côté de la fenêtre et tirait sur un gros cigare.

Pendant que nous discutions, Evans essaya de sortir son portefeuille pour trouver son billet de train ; et je notai alors, nichée dans une de ses poches, une petite enveloppe transparente contenant ce qui ressemblait à une touffue d'épais poils bruns. Cela ne me regardait absolument pas mais je ne pus m'empêcher de lui demander ce que c'était. Sachant qu'Evans est neurochirurgien, il semblait étrange qu'il transporte ainsi au plus près de son cœur ces poils, qui avaient bien peu à voir avec ces douces boucles de cheveux retenues par des rubans que les amoureux gardent parfois jalousement sur eux.

Il me répondit tranquillement en sortant négligemment l'enveloppe : « Oh, ce sont des cheveux du cuir chevelu d'un abominable homme des neiges ! »

Le conducteur tirait sur son cigare ; les trois hommes ronflaient ; les dames partageaient leurs commérages de personnes âgées ; quant à nous, soudain galvanisés par le savoir, nous analysions fiévreusement ce trophée inattendu. Un étrange moment. Charles, qui montrait désormais lui-même plus d'intérêt, étalait les cheveux avec un air franchement possessif; et sans réfléchir, je proposai au nom de mon journal de les lui acheter en vue de les examiner. Bercés au rythme du train en traversant le Delaware, il m'apparut cette nuit-là que nous avions percé le secret de l'homme des neiges.

Avec un calme infini, Evans nous expliqua comment il avait obtenu les cheveux. Après l'expédition à l'Everest, il était resté en arrière en pays Sherpa à des fins personnelles, pour de la topographie, de l'escalade et de l'exploration. Un soir, il s'était installé pour la nuit avec quelques Sherpas dans l'abri d'un gardien de troupeau de yaks du nom de Thagnak, à près de 5 000 mètres d'altitude, et comme souvent, la conversation était venue au yéti. Les Sherpas apportaient leur habituelle contribution embrouillée à l'échange, s'accordant à nouveau tous sur les caractéristiques générales de la bête, s'arrêtant toutefois sur les détails avec des variations maladroites ; et en cours de discussion, l'un d'entre eux interpella Evans : « Bien entendu, vous savez qu'il y a un scalp de yéti au temple bouddhiste de Pangboche ? »

Evans l'ignorait totalement, et naturellement, cela l'aiguillonna. Il pouvait justement s'agir du genre de trace du yéti qui viendrait sceller l'affaire de l'identité de la chose. Une fois les opérations de relevés achevés, Evans et le Sherpa Da Tenzing franchirent un col pour arriver à Pangboche.

« Il y avait un petit Sherpa en haillons chargé du temple, auquel nous demandâmes à visiter les lieux. Après l'avoir cherché – l'endroit était sombre et miteux –, nous avons souhaité voir le scalp du yéti. Il n'a pas fait d'objection et nous avons gravi l'escalier menant à une pièce où ils conservaient les masques cérémoniaux et les robes. Tout était plein de poussière et désordonné, et il ne trouva pas tout de suite le scalp. Nous commencions à nous demander s'il était bien là, quand enfin il l'extirpa et l'épousseta du revers de la manche pour nous le tendre. »

« Alors, de quoi avait-il l'air ? Continuez ! »

Mais Evans prit tout son temps. Il se moucha discrètement et poursuivit : « C'était un bout de peau dure et sombre, dont la forme se situait entre le dôme et le cône. Si c'était un scalp, il avait été découpé au-dessus des oreilles et des yeux, et sur sa face extérieure il y avait des poils raides et hirsutes, noirs et marron, longs d'environ deux à trois centimètres. »

« Ceux que vous avez ! », dis-je.

« Attendez ! dit Charles. De chaque côté du cône ces poils étaient plaqués. En plusieurs endroits ils avaient disparu. Mais au sommet du cône, ils formaient une ligne droite et se dressaient comme une sorte de crête. C'était très proche de la description des Sherpas d'une tête d'homme des neiges ! »

Evans n'avait jamais vu une tête de cette forme. La plus ressemblante à laquelle il pensait rappelait celle d'un gorille, qui était toutefois moins pointue et aux poils plus doux. Nul ne savait comment cette chose avait échoué à Pangboche, bien qu'on l'associait à un ancien magicien du nom de Tsang Dorje dont on disait qu'il pouvait voler. Quand ils eurent fini d'observer le scalp, on le retourna et son gardien le fit passer comme on le ferait avec un chapeau, et dans le même but. En tant que contributeur, Evans estima que ça l'autorisait à prélever quelques poils. C'est ce qu'il advint et nous étions en train de les examiner dans ce vieux train américain brinquebalant, en pleine nuit à onze mille kilomètres de distance.

Comme le dit Evans, de toute évidence ils ne venaient pas d'une espèce animale susceptible de fréquenter la région de Pangboche, le yak, le mouflon, le renard, le loup, le cerf porte-musc et le rat sans queue. Ils étaient réellement inconnus, incarnaient le chaînon manquant, arrachés à la peau d'une créature anonyme, apporté par un magicien tibétain dans un temple bouddhiste dans l'ombre de l'Everest.

Hillary dit : « Très intéressant. Cela me rappelle le moment quand nous avons franchi le col entre Gunara et Khumbu en 1952, vous vous souvenez, George ? C'était à près de 6 000 mètres. Nous avions cinq Sherpas. Nous remontions un versant plutôt raide, croyez-moi ; nous étions environ à mi-hauteur, et j'aidais deux vieux Sherpas qui avaient du mal. Tous deux ont stoppé et je suis revenu les aider. L'un d'eux montrait à l'autre quelque chose qu'il avait trouvé derrière un rocher. Je lui demandai de quoi il s'agissait, et le gars qui tenait le truc me le tendit. C'était une touffe de poils, très épais et noirâtres, comme ceux-ci. »

« Bien, je savais qu'il ne pouvait s'agir de poils de yak. C'était bien trop raide pour cet animal. En outre, les poils étaient beaucoup trop épais. J'interrogeai les Sherpas pour savoir de quoi il s'agissait, qui dirent que c'étaient des poils de yéti. J'ai essayé de prendre la touffe – que je me voyais ramener triomphalement à la civilisation, voyez-vous –, mais le Sherpa qui tenait les poils dit que c'était une très mauvaise idée et jeta les poils dans la pente escarpée. Indiscutablement, ils le répugnaient. Je me souviens particulièrement de ces poils du fait de leur épaisseur ; mais je n'allais certainement pas me lancer dans la pente pour les étudier de plus près. Mais alors que je m'en souviens, ils ressemblaient beaucoup à ceux-ci. »

Enthousiasmé par ces histoires, la première chose que j'entrepris à Washington fut de m'organiser pour expédier par avion les poils chez moi en Angleterre. John Hunt, également présent en Amérique pour la cérémonie à la Maison Blanche, accepta de s'en charger pour moi, et s'en occupa en ayant l'air de le faire d'une manière infiniment responsable, comme s'il s'agissait de livrer le plan directeur d'une bombe à hydrogène. À Londres, on les conduisit au muséum d'Histoire naturelle à Kensington ; ils furent également analysés par le laboratoire médico-légal à Scotland Yard, une tâche étrange même pour cette institution habituée au cas les plus divers.

Loin aux États-Unis, nous attendions en retenant notre souffle le résultat de ces examens. Plus nous pensions à ces poils, plus ils nous apparaissaient rêches, épais et étranges : le plus mystérieux dans mon imagination était relatif à ce magicien tibétain, volant au-dessus des glaciers pour scalper des hommes des neiges ; l'élément revêtant la plus grande importance devint le scalp lui-même, désormais retourné à la poussière de la salle du haut, parmi les masques diaboliques, les longues robes ocre vif, les ossements et autres étranges objets rituels. Au gré de notre tournée qui se poursuivait, nous avons notamment visité des zoos, pour observer à travers les grilles de leurs enclos des ours de grande taille, ou pour mesurer les pieds de primates asiatiques comme l'entelle. Au zoo de Central Park à New York, un gardien aimable mais décontenancé nous autorisa à étudier la texture d'un poil d'orang-outang, et à observer avec un intérêt aussi profond que singulier le cuir chevelu d'un jeune gorille. Plus on considérait les circonstances, plus nous avions la sensation d'être proches de la résolution du mystère; et j'étais de plus en plus persuadé qu'Evans, de façon inattendue, avait découvert l'existence en Himalaya d'une nouvelle espèce de primate (peut-être un gorille).

Mais il y a des créatures que même les zoos américains ne montrent pas à leurs visiteurs, et des hommes saints en Inde et au Népal dont les reliques sont d'évidence d'une sainteté douteuse. Ma conception du magicien perdit tout sens; le yéti regagna prestement son piédestal de mystère. À Denver au Colorado, la vérité arriva par câble depuis Londres, et nos quelques jours d'intense excitation se transformèrent en un moment d'hilarité. Le câble disait froidement: « Les avis de tous les experts concordent, les poils sont ceux d'un porc, je répète, d'un porc. Comment pouvez-vous récupérer votre argent? »

Depuis cette époque, ce brave scalp de Pangboche a encore été exploité pour ses poils. Une autre expédition britannique en a prélevé pour les envoyer à Londres. Un scientifique indien itinérant en prit d'autres qui furent analysés au muséum d'Histoire naturelle Peabody à Yale. Le pauvre petit gardien en haillons doit sans cesse gravir et descendre l'escalier et fouiller parmi les masques cérémoniaux: et personne n'a eu le cœur de lui dire qu'il ne s'agit sans doute que de la peau d'un cochon, et peut-être pas même un scalp, dit-on, mais un morceau de filet ou d'arrière de porc étiré pour prendre une autre forme.

Mais je ne savais rien de tout ça quand nous étions assis autour du feu en ces soirs plaisants de mai, et quand je me glissais avec une angoisse constante dans le dédale du glacier. Si quelqu'un m'avait dit qu'il y avait le scalp d'un yéti à Pangboche, j'aurais rempli un sac de pommes de terre et marché jusque là-bas dans la nuit : car il y avait quelque chose d'obsessionnel et d'irrésistible dans l'énigme de l'homme des neiges.

10.
ASCENSION

Le jour du premier assaut finit par arriver, et j'entendis un soir à la radio qu'Evans et Bourdillon étaient parvenus au sommet sud (8 760 m), soit une altitude jamais atteinte par l'Homme, mais qu'ils avaient dû revenir au col Sud, épuisés. Comme prévu, l'ascension directement depuis le camp VIII était trop longue pour eux ; ils avaient eu des problèmes avec leur équipement neuf d'oxygène ; ils s'étaient tenus sur cette petite bosse que j'avais remarquée depuis le Pumori, moins de 100 mètres sous le sommet, avant de rebrousser chemin vers le col tout en ayant vu une partie de la difficile arête terminale.

L'heure de l'assaut de la deuxième cordée, au plus grand potentiel, se rapprocha. Hillary et Tenzing partiraient avec beaucoup d'avantages. Ils bénéficieraient d'une météo favorable, car la neige qui continuait de tomber au camp de base chaque soir s'arrêtait six cents mètres plus bas. Ils passeraient par un dernier camp monté à 8 500 mètres, d'où ils engageraient l'ultime charge vers le sommet. Leur matériel d'oxygène était parfaitement éprouvé. Ils étaient en excellente forme et motivés par la performance d'Evans et Bourdillon.

Et pour les encourager encore davantage, le monde entier leur transmettait ses meilleurs vœux (après des mois de messages souvent autoritaires de Hunt, mes propres dépêches et l'incroyable compilation de fausses informations en provenance de Katmandou, un public composé d'anciens candidats à l'Everest – dépassant en cela leurs rêves comme leurs cauchemars – tournait maintenant avidement le regard vers la montagne).

On opta pour le 29 mai. La veille au soir, j'avais comme compagnon au camp de base Griffith Pugh, le physiologiste, et nous sommes restés tard près du feu à boire et discuter, pendant qu'il tirait sur une étrange pipe française anguleuse. J'ai toujours apprécié sa compagnie. Il avait des connaissances spécialisées très étendues à propos desquelles il communiquait ponctuellement de façon surprenante, d'une voix hésitante et lente, tel un fumeur de pipe ; comme si un brave curé de campagne, s'installant pour délivrer doucement la parole biblique à ses paroissiens, devait soudain évoquer certaines théories kafkaïennes, les dimensions d'un ourlet ou l'exploration de l'espace… Je me souviens que cette nuit-là nous avons en fait parlé de religion, ou du moins de domaines comme le yoga et le réarmement moral, sans jamais nous déconnecter complètement du sujet initial.

Finalement, quand le feu commença à décliner et l'air froid de la nuit nous fit frissonner en remontant le glacier, nous nous levâmes et nous étirâmes avant de nous diriger vers nos tentes.

Il me demanda : « Pensez-vous à nouveau grimper sur la montagne demain ? Je partirai vers huit heures si vous souhaitez venir avec moi. »

Je répondis que je n'avais pas planifié de nouvelle ascension, car j'estimais que je devais plutôt rester près des moyens de communication pour les dernières nouvelles, et j'avais peur que certains de nos concurrents arrivent au camp de base au moment crucial.

« Je pense que vous vous trompez, me dit le docteur Pugh. Je crois que vous devriez aller plus haut dans la combe quand ils rentreront de l'assaut. Que se passera-t-il si quelqu'un arrive ici ? Vous descendrez vous-même les informations et ils pourront difficilement en disposer avant vous. »

Je pensais aux émetteurs radio et aux dégâts qu'ils pourraient causer dans nos plans bien établis ; mais il me convainquit, et avant d'aller au lit je démêlai mes crampons et m'assurai que mon piolet se dressait toujours, tel un talisman ésotérique, dans la neige à l'extérieur de ma tente. En me plongeant dans mon sac de couchage, je fis le bilan de ma situation, à moitié endormi. Je serais certainement informé de l'ascension de l'Everest, comme de l'échec de la tentative, avant tout autre correspondant. J'avais des messagers au camp de base qui auraient transféré mes nouvelles à Katmandou en six ou sept jours. Ici, l'ambassadeur se tenait prêt à envoyer une brève par radio à Londres. J'estimai qu'un message codé adressé de cette manière serait dans le journal huit jours après l'événement.

Mais il restait la radio à Namche Bazar. Il subsistait un risque relatif à son emploi car un message pouvait aisément se perdre, ou d'une manière ou d'une autre fuiter et être miraculeusement déchiffré par tous ces correspondants qui traînaient autour de l'ambassade indienne à Katmandou : mais cela mènerait ma dépêche à Londres en quelques heures, une option fabuleuse. Je fouillai mes bagages dans le noir, et j'extrayais ce nouveau et mauvais code dont la clé, je le savais, se trouvait en sûreté à Katmandou. Comment cela s'est-il passé ? *Début du message : Mauvaises conditions de neige.* Oh, M. Tiwari, j'espère que vous m'aiderez tout en me pardonnant ! Souvenez-vous de tous les cachets d'aspirine que je vous ai donnés !

« Nous irons d'une traite au camp III, dit Pugh alors que nous marchions lourdement au pied de la cascade de glace. Personne n'utilise plus le camp II actuellement, car de toute façon ce n'est pas nécessaire, et on dirait qu'il devient assez dangereux. Vous allez voir de grands changements dans la cascade de glace. »

Ce fut effectivement le cas. La trace intermittente visible entre deux chutes de neige une ou deux semaines plus tôt avait disparu, toute la cataracte chaotique et croulante l'était plus que jamais car le dégel avait affecté un grand nombre de ses énormes séracs, élargi ses crevasses et rendu ses ponts de neige fragiles et périlleux. Michael Westmacott travaillait en cet horrible endroit depuis dix jours pour conserver tant bien que mal une voie praticable, afin que les alpinistes de la combe Ouest, quand viendrait le temps de la descente, ne se fassent pas piéger par son inexorable et lente désintégration. On voyait çà et là les signes de son action, et je pouvais l'imaginer en train d'œuvrer efficacement, assuré par un Sherpa silencieux, taillant des marches, posant les cordes fixes, déplaçant les échelles, le tout dans l'atmosphère vide, sauvage et blanche de la glace. En un lieu, une crevasse s'était tellement ouverte qu'il avait dû attacher deux mâts à l'échelle en aluminium qui servait de pont. Ailleurs, en sautant et crapahutant parmi les pinacles, il avait découpé de dangereux séracs chancelants, y avait planté des pitons, et s'était efforcé de maintenir en place ces petits drapeaux rouges qui, aidés par la fonte, ne cessaient de glisser sur le parcours. Depuis, émerveillé par sa ténacité, j'ai souvent pensé à Westmacott qui a sacrifié toutes ses ambitions dans ce chaos au seul profit de ses compagnons.

Nous montions lentement. Nous échangions quelques mots de temps à autre, mais la plupart du temps je pensais à notre aventure, et je me demandais ce qui pouvait bien se passer à ce moment précis, en milieu de matinée, le 29 mai, 3 000 mètres au-dessus de nous. On ne voyait rien depuis la cascade de glace, sauf la vallée vide en contrebas et parfois une des arêtes rocheuses escarpées qui l'encadraient ; et confinés ici un jour de ce genre, on se sentait aveugles et désarmés. Nous stoppâmes au camp II pour boire un peu de limonade et sucer des bonbons anglais. Les deux tentes étaient toujours là, plus crasseuses et délaissées que jamais, mais une énorme tour de glace en décomposition semblait proche de tomber dessus avec fracas, et tout près du camp, une grande crevasse insidieuse avait fendu le petit plateau comme un coin fend une pierre. Nous n'eûmes pas même le temps de faire fondre de la neige pour obtenir de l'eau. Les Sherpas prirent nos tasses, partirent à grands pas dans la neige jusqu'à une flaque dans le glacier, un cadeau du dégel. Le camp II était un endroit oublié et abandonné. Quoi qu'il arrive sur la montagne, notre expédition était déjà près de la fin. Hunt prévoyait un troisième assaut, mais j'estimai que la plupart des grimpeurs étaient aussi éprouvés que ces deux petites tentes torturées par le vent semblaient l'être.

L'après-midi vint, sans neige, et nous avons poursuivi vers la partie haute de la cascade de glace. Je découvris un paysage entièrement nouveau, comme si un enfant capricieux, las de son château de sable, l'avait pris à coups de ses minuscules pieds pour en faire quelque chose de complètement différent. Après une heure d'ascension, nous sommes tombés sur un petit couloir rectiligne et raide, qui descendait parallèlement à la voie que nous suivions. J'entendis soudain, en provenance de son sommet un bruit à la fois grondant, rugissant et fracassant ; une avalanche de glace, de neige et de pierres nous frôla. Je me jetai précipitamment au sol avec Pugh. Mais elle ne fit que passer froidement à proximité, sans un regard pour nous, puis plus bas parmi les tours de glace et les blocs penchés, dans un vacarme semblable au passage d'un million de billes, jusqu'à ce que la dernière pierre et le dernier morceau de glace ne viennent s'entrechoquer bruyamment avant de disparaître de notre vue et de laisser place au silence. Nous avons récupéré nos sacs à dos et nos piolets et péniblement poursuivi notre chemin.

Nous étions au camp III quand le soir arriva, avec quelques volutes de neige mais sans plus, et un splendide coucher de soleil colorant la face du Lhotse, très au-dessus de nous : je marchai dans la neige jusqu'à un petit plateau à l'écart du camp qui donnait sur la vallée en contrebas. La cascade de glace rampait vers le bas sur le versant, énorme et sans forme dans le crépuscule, alors que le Pumori et ses satellites se tenaient dans l'ombre au-dessus du glacier. Très loin au-delà de la côte, le Khumbu s'étendait entre ces murailles montagneuses, en se tordant un peu comme un ruban froissé mais en se dirigeant sans hésiter jusqu'à Tengboche. C'était le chemin que devraient prendre mes nouvelles, depuis le vert en bas puis par le bleu du ciel. Tout était sombre et désert ; pour la première fois depuis ma première incursion à l'Everest, je me sentis seul en regardant cela, souhaitant l'apparition de quelques lumières scintillantes là-bas en bas, rêvant d'un coin chaud près d'un feu sous les prairies montagneuses, ou d'une auberge anglaise, avec des chopes de bière, des poules, de vieux serveurs en queues-de-pie élimées, des empreintes de chevaux oubliés et de la truite au petit-déjeuner. Alors que l'aventure approchait maintenant de son ultime apogée, l'Everest m'apparut comme un lieu particulièrement implacable et hostile, une chose aveugle qui ne nous remarquait pas, n'existant qu'au gré du cours absurde de ses saisons – neige et soleil, chaleur et froid, dégel et mousson –, tel un robot décérébré, posé là, pour provoquer en silence dans un coin reculé du monde.

Je frissonnai, me reprochant cette morbidité, et rentrai au camp.

Me revoilà finalement une nouvelle fois au camp IV, sorti du désert de neige, blanc et inhumain. La tension et l'émotion contenues qui envahissaient maintenant ce camp en émanaient et se répercutaient par vagues, aussi loin qu'ici au bas de la combe, quand les tentes apparurent comme de petites taches pour la première fois sur une arête lointaine, une très forte saveur d'espoir nous étreignit soudain. C'était la mi-journée, et la plupart des alpinistes étaient rassemblés ici. Les longs mois les avaient marqués, tout comme la montagne elle-même. Je me souvins d'eux comme la toute première fois, fin mars : Evans, Gregory et Bourdillon à Tengboche ; les Néo-Zélandais rampant pour sortir de leur tente à Lake Camp ; Band, Ward et Westmacott me traînant joyeusement jusqu'en haut de la cascade de glace ; Noyce, Wylie, Stobart et Pugh dans la grande tente du camp de base ; et Hunt lui-même, le leader, le visage couvert de crème à Lobuche. Ils étaient certes gais et amicaux, mais totalement obnubilés par la pression de la campagne. Evans et Bourdillon, tout juste revenus de 8 700 mètres d'altitude, étaient visiblement affaiblis après leur *tour de force*[24]. La haute silhouette élégante de Bourdillon semblait ratatinée ; Evans, outre une barbe de quelques jours étrangement accentuée par le port du masque à oxygène, paraissait infiniment moins rubicond qu'un ou deux mois plus tôt (et à tous points de vue bien loin de Dickens, auquel il ressemblerait pourtant beaucoup dans les mois suivants, très à son aise avec un bon cigare lors de dîners aux meilleures tables de Londres). Même Alfred Gregory, le plus affûté et le plus vif des hommes, se déplaçait plus lentement que d'habitude, et son accent marqué du Lancashire avait perdu de son tranchant. Westmacott était là, coiffé de son large chapeau de brousse ; George Band, grand et arachnéen, qui deux ans plus tard foulerait la cime du Kangchenjunga ; Stobart et son appareil photographique ; et un groupe enjoué de Sherpas, plusieurs d'entre eux à peine revenus du col Sud et fiers du travail accompli.

---

24 N.D.T. En français dans le texte.

Et là, dans sa tente-cabane, se trouvait Hunt, toujours hideux avec sa pommade ; je me dis qu'il prenait une dimension héroïque, tel un Hannibal grisonnant en chaussures d'alpinisme attendant l'arrivée des éléphants. Nous étions près de la fin de l'aventure. Bientôt, d'ici une heure au deux, nous saurions si ses plans méticuleux avaient fonctionné, si sa propre et formidable ascension jusqu'à 8 350 mètres était justifiée, si la répartition des charges avait été la bonne et le choix des grimpeurs le plus sage ; si le beau temps sur lequel il avait misé ne s'était pas retourné contre lui, si la sélection de l'équipement s'avérait bonne ; ou si, quand Hillary et Tenzing reviendraient vaincus par l'arête sommitale de l'Everest, il lui faudrait tout reprendre depuis le début, réexposer ses équipes de porteurs aux dangers de la cascade de glace, refaire ses calculs, recomposer ses cordées et se préparer (comme il l'avait aussi prévu) pour un troisième assaut qu'il mènerait lui-même, coûte que coûte. Il avait donné à Hillary un petit crucifix à déposer au sommet de l'Everest s'il réussissait ; s'il échouait, Hunt le monterait lui-même là-haut.

Je le rejoignis à l'ombre pour manger au moins treize biscuits suisses.

Il dit : « Bien, mon vieux James, je suppose que tout est presque joué, maintenant. Imaginons désormais qu'ils l'aient gravi, combien pensez-vous qu'il faudra de temps pour acheminer les nouvelles chez nous en Angleterre ? Une semaine ? Moins ? »

Je lui répondis que je pourrais expédier un court message à Londres un peu plus vite que cela si tout se passait bien. Pour ce qui était d'un compte-rendu plus long de l'ascension par Hillary et Tenzing, eh bien oui, il faudrait compter une semaine.

Et j'ajoutai : « Ce serait bien sûr formidable si je pouvais envoyer la nouvelle au moment du couronnement, n'est-ce pas ? Voyons, nous sommes aujourd'hui le 30 mai. Le couronnement se déroulera le 2 juin. Il y a trente jours en septembre, en avril, en juin… Nous avons en fait trois jours en comptant aujourd'hui. Je pense que c'est tout juste possible, John, mais ne comptez pas dessus. Qu'en pensez-vous, ce serait plutôt bien, n'est-ce pas ? »

Mais il ne m'écoutait plus. Se balançant dans sa chaise de toile, non sans rappeler un réalisateur hollywoodien plutôt peu orthodoxe donnant des instructions à l'opérateur d'une caméra sur portique, il regardait dans ses jumelles la paroi du Lhotse qui nous faisait face. J'ai observé attentivement à travers les miennes, mais sans rien voir, juste la masse démesurée des blocs de glace, des séracs désordonnés et de la neige.

Quelqu'un cria : « Les voilà ! Là ! Juste derrière ce gros sérac ! Vous les voyez ? Vous savez lequel, Charles, cet énorme truc avec de larges crevasses juste derrière. Vous les voyez ? Ils arrivent ! Ils sont en train de franchir le passage ! »

Je regardai encore, et haut, très haut dans la face de la montagne, pour sûr ils étaient là. Cinq petites silhouettes descendaient lentement dans la neige : Hillary, Tenzing, Lowe, Noyce et l'incroyable Sherpa Pasang Phutar. Comment marchaient-ils ? D'un pas alerte, comme des hommes qui ont atteint le sommet ? Ou bien traînant les pieds, déprimés par l'échec ? Nul ne pouvait le dire, car on distinguait juste des petites taches dans la muraille montagneuse.

C'était un jour superbe pour de bonnes nouvelles ! Cette bonne vieille vallée de la combe Ouest était fraîche et pétillante, comme une jeune fille apprêtée dans une soirée habillée. Le bleu du ciel tenait du miracle, le sol de la combe brillait d'un blanc éblouissant. Le mur massif du Nuptse, à la limite septentrionale de la combe, étincelait mystérieusement, comme la soie et le velours gratté, avec l'étrange lustre satiné de la neige qui fond. Depuis la crête du Lhotse, directement au-dessus de nous, une petite écharpe de neige tourbillonnait et tournoyait dans le ciel, comme un génie s'échappant de sa bouteille. Il y avait peu de vent, et nous étions assis là, comme au ralenti dans l'immobilité et au soleil. Le silence régnait dans la combe, comme toujours ; mais nous entendions parfois un sifflement aigu et soudain, troublant et inquiétant, comme si un bloc hurlait en dévalant depuis les hauteurs.

Les heures traînaient en longueur. Nous discutions sans cesse des chances de réussite. La veille à neuf heures, on avait aperçu Hillary et Tenzing dépasser le sommet sud et se diriger résolument vers l'arête terminale. Avec le reste de la matinée devant eux, il leur restait beaucoup de temps pour gagner le sommet et revenir ; mais qui pouvait dire ce que réservait cette ultime crête ? On l'avait vue sur des photos aériennes, mais pas très clairement ; peut-être recelait-elle quelque obstacle infranchissable, un ressaut insurmontable ou de dangereuses corniches ; peut-être leur système d'oxygène avait-il failli dans les deux cents derniers mètres ; peut-être, face aux contraintes de l'altitude, leur volonté avait-elle fléchi ou leur corps lâché. Nous prîmes place dans la tente-dôme pour en parler.

« Ils arrivent tout juste au camp VI, lâchèrent les observateurs à l'extérieur. Quelqu'un s'assied, impossible de savoir de qui il s'agit. Quelqu'un pour prendre les paris ? »

On distinguait désormais mieux les petites silhouettes en plein versant de la montagne. Je me dis qu'au moins tous étaient saufs. Je n'aurais pas besoin de mes codes annonciateurs de catastrophes, ni d'envisager mes nécrologies. Une fois en bas de la combe, il ne restait que le passage par la cascade de glace à redouter ; et même s'ils étaient à bout de forces, les alpinistes y survivraient certainement. Aucun membre de l'équipe n'avait subi ne serait-ce qu'une fracture ; juste des coups de froid, des maux d'estomac et quelques cas mineurs de gelures.

La tente contenait toutes sortes de journaux : *The Times*, *The Auckland Weekly News*, avec une photographie grand format d'une dame portant un chapeau sophistiqué, un gros bouquet en travers de la poitrine, pour remettre des prix, présider un banquet, marier sa fille, être présentée à une duchesse ou participer à quelque œuvre sociale. Je me souvins de la description de Roberts lors de sa première visite en Nouvelle-Zélande, quand la femme en noir derrière le bureau de réception de l'hôtel tiqua à la vue de sa chemise ouverte et apparut contrariée, les lèvres pincées, quand il lui demanda de lui indiquer le bar. Il était difficile de croire que de tels héros puissent venir d'un cercle aussi étrange et bourgeois, et j'eus du mal à assimiler la dame en crêpe bleu avec ses compatriotes ici sur ces hauteurs, en train de se pavaner avec ses formes avantageuses.

« Eh bien oui (j'entendis une bribe de conversation par la porte ouverte de ma tente). Je suppose que oui, mais la lune ne sera jamais exactement la même. Qui se soucie de la lune ? Il n'existe pas de *petites* lunes sur lesquelles commencer. Personne ne va explorer des lunes les week-ends comme nous allons gravir des montagnes. Peu importe, vous pouvez penser à la lune autant que vous le souhaitez. Une seule chose m'intéresse, le confort matériel. Un g-r-a-n-d verre de bière exquise ! Un vrai steak ! Ou la bonne odeur de renfermé du *Climbers' Club Hut at Helyg* ! »

Je m'en détournai vite pour fouiner dans les pages de mon journal. Quelqu'un avait fait la grille de mots croisés du *Times* avec le bout usé d'un crayon rouge.

26 *Foot – foot – foot – foot – slogging over –*
(Kipling) (6)[25]

25 N.D.T. Vers extrait du poème *Boots* de Rudyard Kipling (1916).

La réponse au crayon rouge à cette énigme apparaissait en gras et d'une écriture assurée, si appuyée qu'elle avait traversé le papier, et je pus voir que le cruciverbiste, lors d'une soirée froide et solitaire dans la tente battue par le vent, avait plié le journal pour disposer d'un support solide pour écrire. Je me demandai qui cela pouvait bien être. Westmacott, durant sa veille dans la cascade de glace ? Noyce, dans un camp d'altitude en pleine face du Lhotse ? Hunt, faisant une pause le temps de ne plus se préoccuper de ses obligations de leader ?

Il y avait une dépêche dont j'étais l'auteur. « *Préparatifs pour un double assaut au sommet de l'Everest.* » Quelque part entre la photo de la montagne et le texte, une erreur s'était glissée au sujet du lieu de rédaction. J'avais envoyé le message depuis le camp III, mais il était mentionné « *Camp de base, Everest.* » « *Voici un lieu désolé très au-dessus du glacier du Khumbu* », étais-je censé avoir écrit à propos de notre petit camp de base sur le glacier du Khumbu, « *avec la masse redoutable de la cascade s'écoulant plus bas.* » Bon, sans doute que personne ne l'avait remarqué ; pour bien des lecteurs du journal, le camp de base de l'Everest s'assimilait presque au sommet sud… En Amérique, les gens me disaient : « Oh bonté divine, toutes ces semaines sur le glacier ! Vous n'avez pas eu des vertiges ? »

Un silence fébrile régnait maintenant autour du camp, et Hunt sortit s'asseoir à l'extérieur de sa tente sur une caisse d'emballage, son chapeau imperméable vissé sur le crâne, tendu comme une corde de violon. Je ne voyais plus les petites silhouettes. Ils avaient quitté la face du Lhotse et une arête tout en haut de la combe les cachait. Ils devaient être en forme pour être parvenus là aussi vite. Se déplaceraient-ils aussi vite s'ils enduraient les affres de la défaite ? Ou bien, au contraire, *pourraient-ils* se déplacer aussi vite s'ils avaient gagné le sommet de l'Everest ? Je me souvenais de l'extrême épuisement des anciens candidats à l'Everest, me demandant si un homme pouvait si bien se sentir après une nuit à 8 500 mètres.

Il y eut un cliquetis de crampons dehors, et Tom Stobart se précipita vers le haut de la vallée avec son appareil pour aller à la rencontre de la cordée d'assaut. Je le vis progresser péniblement dans la neige, forme solitaire mais déterminée, puis il disparut derrière une crête. Tout était désormais vide dans la combe autour de nous. La face du Lhotse était vierge et sans vie, et nous ne pouvions voir que la neige immaculée s'étirant et remontant jusqu'à son pied. Hors de notre vue quelque part là-bas, mais pas très loin de nous, il y avait Hillary, Tenzing et leur groupe de soutien. Il était treize heures, mais nul ne songeait à déjeuner.

Dans un coin de la tente se trouvait un récepteur radio, en équilibre instable au bord d'une boîte en carton.

Au gré des minutes qui passaient, il crachotait de la musique par intermittence, puis une voix indienne bien posée annonça qu'il s'agissait d'All-India Radio et que l'heure des nouvelles était venue. Nous tendîmes l'oreille. Nul doute qu'ils allaient bien vite parler de l'Everest. La radio affirma que des messages d'agences avaient maintenant confirmé que l'assaut britannique à l'Everest avait échoué et que l'expédition se retirait de la montagne. Je me dis qu'il s'agissait de mes concurrents, plus actifs que jamais. Un gros éclat rire presque général parcourut les abords de la tente. Quelqu'un tourna le bouton, mi-amusé, mi-irrité et :

« *Les voilà !* »

Je jaillis par la porte de la tente, et là-bas, émergeant d'un petit couloir, à peine à cinq cents mètres de distance, se tenaient quatre silhouettes éprouvées en vêtements coupe-vent. Comme un seul homme, nous nous précipitâmes hors du camp pour gravir la pente, nos chaussures s'enfonçant et glissant dans la neige molle,

Hunt portant de grandes lunettes noires d'altitude, Gregory avec le pompon de son bonnet qui gigotait quand il courait, Bourdillon avec les bretelles sorties de la chemise, Evans avec la visière de sa casquette à l'envers comme celle d'un docker américain. Nous courions comme des fous en dérapant dans la neige, et les Sherpas, surgissant avec excitation de leurs tentes, nous poursuivirent.

Je n'apercevais pas très bien les grimpeurs de retour car l'effort de la course avait embué mes lunettes, et je ne voyais devant moi qu'à travers une brume épaisse. Mais je les distinguais vaguement en train d'approcher, sans jamais donner le moindre signe de succès ou d'échec, comme s'ils étaient drogués. Ils se traînaient mécaniquement vers le bas alors que nous courions en montée, frémissant d'espérance. Bien vite je ne vis plus rien avec la buée et j'ôtai mes lunettes ; et juste au moment où je m'habituai à la réverbération brutale de la neige, j'entrevis George Lowe, qui dirigeait le groupe qui descendait. Il levait le bras et faisait signe de la main en marchant ! Ses pouces se levaient ! L'Everest était gravi ! Hillary brandit son piolet, le triomphe las. Tenzing glissa soudain sur le côté, se reprit et nous gratifia d'un sourire brillant et éclatant ; et ils furent parmi nous, de retour du sommet, entouré d'hommes leur serrant la main et les embrassant, riant, souriant, pleurant, prenant des photos, riant encore, pleurant encore, jusqu'à ce que le bruit et la grande joie ne fassent le tour de la combe et touchent les Sherpas, qui nous suivaient vers le haut de la colline et riaient d'avance.

Nous sommes redescendus, Hillary et Tenzing toujours encordés, Tom Bourdillon revenant en arrière avec les mains dans les poches, se marrant, et Gregory, galvanisé par l'événement, qui avait déjà retrouvé tous ses moyens et toute son énergie. Sous le camp, la plupart des Sherpas patientaient, formant un groupe excité et souriant.

Alors que le plus grand représentant de leur petite race les approchait, ils sortirent du groupe, un par un, pour le féliciter. Tenzing les accueillit comme un humble prince. Certains penchèrent le corps vers l'avant, les mains jointes comme pour prier. Certains échangèrent une poignée de mains, légèrement et délicatement, leurs doigts ne faisant que s'effleurer. Un vieux vétéran, sa natte torsadée flottant derrière lui, s'inclina gravement jusqu'à ce que son front vienne toucher la main de Tenzing ; tout juste comme Sonam, en bas dans la vallée, avait touché le portrait de ce saint qu'était l'abbé.

Nous allâmes dans la grande tente-dôme nous asseoir autour de la cordée victorieuse, pour leur lancer des questions, toujours hilares, incapable de croire que c'était vrai. L'Everest était gravi, et ces deux mortels face à nous, assis sur de vieilles caisses, avaient foulé sa cime, le point culminant de la Terre ! Et tout le monde l'ignorait sauf nous ! Le jour était toujours aussi resplendissant de lumière, la neige aussi blanche, le ciel aussi bleu ; et l'air vibrait toujours de notre excitation ; et la nouvelle, bien que nous l'espérions tous, était toujours quelque part une magnifique surprise. Des ondes de choc de ce moment devaient encore planer sur la combe Ouest, puissantes mais également chargées de gloire et de plaisir. De temps à autre, le visage d'un Sherpa apparaissait à la porte d'entrée, juste pour exprimer une joie partagée ; et tandis que nous étions là, étendus sur nos caisses, nos draps roulés et nos sacs de couchage, Hillary et Tenzing mangèrent chacun une omelette caoutchouteuse et nous racontèrent leur histoire. J'entends encore la voix d'Hillary aujourd'hui, tout comme je vois le morceau d'omelette déformer sa joue gauche, alors qu'il s'accorde un moment pour mastiquer avant de décrire le sommet de l'Everest.

Le monde entier connaît désormais l'histoire ; combien les deux hommes ont passé une nuit terrible dans la minuscule tente du camp IX, montée de travers sur une crête malcommode, une moitié du sol plus haute que l'autre ; combien ils ont lutté, parlé et rêvé toute la nuit, mangeant des sardines ; combien ils se sont traînés tôt hors de cette tente le matin du 29 mai pour découvrir un jour radieux et clair, au point que l'on pouvait voir, à seize kilomètres de là et près de six mille mètres plus bas, le monastère de Tengboche, ainsi que le petit lac à l'abri sous le Pumori que j'avais visité avec Sonam deux mois plus tôt ; combien ils ont peiné sur l'arête terminale, avant de se hisser dans une cheminée abrupte et d'espérer que chaque bosse qui suivait était le sommet ; finalement, à onze heures trente en fin de matinée, ils sont effectivement parvenus au sommet, avec les drapeaux qu'ils avaient emmenés flottant dans la brise.

Hillary planta le crucifix de John, comme il l'avait promis, pendant que Tenzing déposait quelques petites offrandes sur le sol, pour apaiser les divinités censées vivre sur cet Olympe de l'Himalaya. Ils s'étaient embrassés, avaient pris des photos et mangé un peu de gâteau à la menthe ; et après quinze minutes passées sur la cime, ils ont rebroussé chemin pour amorcer leur descente de retour.

« Ce que j'ai ressenti en arrivant là-haut ? Eh bien je dois vous le dire, sans savoir si Tenzing en convient, quand nous avons découvert qu'il s'agissait enfin vraiment du sommet, j'ai poussé un soupir de soulagement, et c'est un fait. Plus de marches à tailler ! Plus d'arêtes à traverser ! Je vous assure que ce fut un énorme soulagement pour moi. Vous êtes d'accord, Tenzing ? »

Et Tenzing, son chapeau ramené en arrière, le visage constamment auréolé et barré de sourires, rit, acquiesça de la tête et mangea son omelette, tandis que les fidèles Sherpas à la porte le fixaient comme des apostats devant le pape. C'était d'ailleurs salutaire de le voir ici, assis dans un moment de gloire, avant que les profiteurs jaloux de sa célébrité le rattrapent.

Je repris alors : « D'accord, mais on doit ressentir plus qu'un simple soulagement dans sa tête après toutes ces années à tenter de gravir l'Everest ? À quoi d'autre pensiez-vous en vous tenant au sommet ? »

Cette fois, Tenzing, fit une pause dans son repas et réfléchit longuement avant de répondre : « Très excitant, dit-il simplement, pas trop fatigué, très content. »

11.
DESCENTE

Après-midi du 30 mai, quatorze heures trente. Je griffonnai tout ça dans un vieux carnet de notes usagé, profitant de l'occasion en ces instants privilégiés, savourant l'ambiance de plaisir incrédule qui flottait maintenant partout sur notre petit camp. La discussion était incessante et animée, et pourrait sans aucun doute continuer tout au long de cet après-midi estival et le soir venu ; mais il ne restait que trois jours pleins jusqu'au couronnement, et en écrivant je réalisai que je devais regagner le bas de la montagne ce même après-midi, afin d'envoyer un message depuis Namche le lendemain matin. Il n'y aurait donc pas de nuit de repos au camp III cette fois-ci. Je devais redescendre d'une traite au camp de base en passant par la cascade de glace dès le soir. Mon corps, qui se ressentait toujours des efforts de l'ascension du matin, ne l'entendait pas du tout de cette oreille ; mais au plus profond de mon cerveau légèrement embrumé, une petite voix me disait qu'il était impossible de faire autrement. Wilfrid Noyce avait toujours planifié d'effectuer cette dernière descente rapide de la montagne pour moi ; mais alors que j'étais là moi-même, je n'avais pas besoin de le déranger.

Quand je leur expliquai mon programme, Michael Westmacott dit immédiatement : « Je vous accompagnerai, James ! » Me souvenant du marécage glaciaire dégoulinant de l'itinéraire, j'acceptai son offre avec gratitude. Nous avons chargé nos sacs à dos, attaché nos crampons, serré des mains à la ronde et sommes partis dans la pente. « Bonne chance ! » s'exclama une voix dans la tente-dôme ; après m'être retourné pour adresser des gestes de remerciement, je suis resté là un moment à regarder la face vierge du Lhotse que l'ombre commençait juste à envahir, et le petit regroupement de tentes joyeuses qui constituaient le camp IV, jusqu'à ce que je sente la corde se tendre. Les anges de Noël étaient dans la combe ce jour-là.

Nous nous lançâmes donc à grandes enjambées vers la vallée. Lors d'une descente, l'alpiniste le plus expérimenté doit se placer en dernier ; mais comme de toute évidence mon état se détériorait, et sachant que le dégel rendait le parcours pénible et déplaisant, Westmacott prit la tête et je suivis. Au sommet de la combe, bien que nous ne le sachions pas, Wilfrid Noyce, Charles Wylie et quelques Sherpas étaient en train de descendre au camp IV depuis la face du Lhotse, où ils avaient remballé les tentes pour les transporter plus bas. Alors qu'ils traversaient une petite crête, ils aperçurent nos deux petites silhouettes, bien plus bas, en train de progresser difficilement vers le camp III. En observant notre marche silencieuse et apathique, Noyce pensa qu'il s'agissait peut-être de fantômes. La magie des anges ne l'avait pas touché.

Ce fut pour moi une marche humide et chancelante. La neige était si molle, si accueillante et si avide, que presque à chaque pas je m'y enfonçais profondément, souvent jusqu'aux cuisses, et je devais alors m'en extraire avec énormément de mal, avec cette maudite corde (qui me maintenait lié à Westmacott) qui se tendait pendant que je me débattais, jusqu'à sentir subitement une forte traction ; et Mike se retournait pour savoir ce qui m'arrivait, constatant que je m'étais vautré dans la neige dans laquelle je m'agitais pitoyablement, comme une créature marine échouée sur le sable. Je me souviens parfaitement de ce labeur et de l'inconfort de cette situation, avec l'humidité coulant dans mes chaussures et le manche de mon piolet englouti par la neige, ma tête lourde et mon cerveau confus bien qu'excité. Comme nous descendions la combe, le soleil baissa et la vallée fut plongée dans l'ombre, devenant froide et inhospitalière.

Ici et là, nous retrouvions nos traces de l'ascension matinale, à peine reconnaissables, déformées et spongieuses, comme si un homme des neiges était passé par là. Les crevasses étaient longues et profondes ce soir-là, et tandis que nous les traversions, leurs entrailles froides et calmes semblaient presque nous appeler. Les ombres nous poursuivaient plus bas dans la vallée, et bien vite je ne vis plus ma propre image dans la neige, étirée comme une silhouette irréelle, avec mon vieux chapeau qui paraissait avoir enflé, et mon piolet, semblable à la canne d'un moine, se balançant dans ma main. Bientôt, il nous fallut scruter attentivement notre environnement désormais sombre, toujours en nous débattant et en dérapant, mais sans cesser de perdre de l'altitude sur la montagne.

Puis ce fut de nouveau le camp III dans une semi-obscurité. Nous avons stoppé le temps d'avaler de la limonade et quelques bonbons, et je regardai autour de moi avec une soudaine pointe de regret le plateau en plein dégel, les tentes affaissées, l'antenne radio instable, toutes ces étranges boîtes et autres caisses d'emballage. Je ne remettrais jamais les pieds ici : je disais au revoir à la montagne. Bien qu'affecté par l'altitude et les efforts, une émotion incoercible m'envahit, et je sentis la chaleur d'une larme en m'asseyant, grelottant dans le froid, mes chaussures trempées et ma tête bourdonnante, alors que j'observais l'univers glaciaire hostile en pleine déliquescence qui nous entourait.

Plus bas, nous avons plongé dans la cascade de glace, et je réalisai une nouvelle fois combien c'était devenu un lieu infâme. Sa démesure, son chaos et sa dureté pesèrent sur mes épaules, pour une sensation proche de la déprime. Toute la grandeur initiale de la cascade de glace s'était évanouie au profit d'une atmosphère sordide. Plus que jamais, c'était désormais une chose mouvante ; les séracs se désintégraient, les plateaux se fendaient, les tours de glace fondaient à vue d'œil ; et partout, des bruits, grincements, grondements, craquements…

La glace était ici, la glace était là,
La glace était tout alentour.
Cela craquait, grondait, mugissait et hurlait,
Comme les bruits que l'on entend dans une défaillance.

La Complainte du vieux marin,
Samuel Taylor Coleridge, 1798.

Nous avons accéléré dans cette bouillasse blanche, et pendant que nous marchions je me demandais (de façon plutôt imprécise) ce que nous allions trouver en bas. Combien d'Izzard et de Jackson trouverais-je au camp de base suite à mon absence, assemblant leurs émetteurs et prêts à se ruer sur les Sherpas qui descendraient ? Était-il concevable d'imaginer que, d'une manière ou d'une autre, la nouvelle de l'ascension ait déjà filtré jusqu'au glacier ? Nous étions les premiers redescendus de la montagne, mais quid de la télépathie, des voies mystiques, des signaux de fumée, des craves à bec rouge, des araignées, des éclairs ? Que se passerait-il si j'arrivais au camp de base pour apprendre que mon information est déjà partie pour Londres vers quelque rédaction avide de Fleet Street[26] ? Je frémis à cette idée, et en prenant quelques instants pour relever mon sac à dos, je faillis tomber la tête la première dans une crevasse.

Westmacott dit un peu sèchement : « Restez où vous êtes. Et assurez-moi si vous le pouvez ! »

Un des mâts constituant un pont jeté sur un gouffre béant était fragilisé par le dégel et semblait affreusement peu sûr. J'enfonçai mon piolet dans la neige avant d'enrouler la corde autour, puis Westmacott entreprit de traverser avec précaution. Je le voyais à peine se balancer de façon précaire dans le noir. Deux mâts étaient attachés ensemble et il devait se mouvoir autour, ou renforcer le lien, ou les retourner, ou les remonter, bref faire quelque chose pour éviter qu'ils ne soient précipités dans les profondeurs, et ce, comme Peacock l'avait une fois relevé, extrêmement vite soit en moins de temps qu'il ne faut pour le dire. Ce qu'il fit après quelques instants angoissants et crispants, et je le suivis prudemment au-dessus du vide.

Après l'accord de Hunt pour m'engager à l'issue de ce délectable déjeuner au Garrick Club, qui aurait pensé que ma mission s'achèverait ainsi en crapahutant frénétiquement et fébrilement dans la cascade glace de l'Everest alors que

---

26 N.D.T. Rue historique de la City à Londres, qui a vu la fondation des principaux journaux anglais, dont bien sûr le *Times*.

l'obscurité allait crescendo ? Qui aurait pu supposer que je prendrais part à cet événement si historique et romanesque, dévalant les versants de la plus grande des montagnes pour annoncer cette nouvelle au moment du couronnement de la reine Élisabeth II ? Tout cela était parfaitement – oups, encore un fichu passage glissant ! –, parfaitement ridicule. Cela s'assimilait à un rêve profond dans lequel le brandy supplantait le fromage ; ou à un problème ardu de lycéen basé sur quelque mécanisme complexe de la théorie de l'espace-temps. Se laisser glisser au bas d'une montagne avec des nouvelles de l'Everest ! Quelles foutaises !

« Faites un effort, réveillez-vous, dit Westmacott, j'apprécierais que vous m'assuriez de temps à autre ! »

Je marmonnai des excuses en rougissant dans le noir. D'ailleurs, à cette heure, alors que nous dépassions les tentes du camp II, j'étais un pitoyable messager. Toutes les pièces d'équipement que je portais sur le corps semblaient ne plus tenir. Le piolet s'échappait constamment de mes doigts, m'obligeant à le ramasser. La corde elle-même menaçait de se détacher. Les lacets de mes chaussures traînaient. Une lanière de crampon avait lâché, et dès lors il se baladait à droite et à gauche en me faisant trébucher. J'avais déchiré ma veste coupe-vent sur une saillie de glace, et un grand pan de tissu rouge claquait sur moi dans le vent.

Mon sac à dos, plein d'affaires lourdes, avait glissé sur son armature, et maintenant il heurtait désagréablement le bas de mon dos. Il m'arrivera d'éprouver ensuite des sensations similaires, mais dans de bien moindres mesures ; par exemple dans un aéroport, quand je me tiendrai tout seul près de la porte d'embarquement, passeport dans une main, tickets de bagages dans l'autre, imperméable sur un bras, sac de voyage sur le droit, appareil photo autour du cou, un livre sous un autre bras, machine à écrire entre les genoux, un billet entre les dents –, bref je me trouverai ainsi occupé quand un impensable officiel viendra me demander mon certificat de vaccination…

Plus nous avancions, plus mon pas devenait lent, besogneux et maladroit, et même Westmacott était désormais assez éprouvé. Nous distinguions maintenant une zone sombre plus bas, la vallée du Khumbu ; peu après, nous nous sommes égarés. Tout avait tellement changé avec le dégel. Plus rien n'était familier. On ne décelait plus la moindre trace. Nous sommes restés perplexes quelques instants en face d'un plateau enneigé désertique et vide, presque au pied de la cascade de glace. Puis Westmacott dit crânement : « Venez, essayons par là ! Laissons-nous glisser dans cette pente ! »

Il se lança lui-même dans la pente, en dérapant avec un curieux bruit grinçant. Je le suivis sans tarder, et, incapable d'éviter un bloc de glace compacte en bas, je vins me cogner si violemment le gros orteil que l'ongle s'arracha ! C'était le bouquet ! Ce n'était pas sans rappeler quelque vieille comédie hollywoodienne, affront après affront, avec le pauvre héros comique subissant tous les malheurs imaginables !

Mais je n'eus guère le temps de me morfondre, car de nouveau Westmacott s'éloignait et je sentis la corde me tirer. Alors que nous approchions du pied de la cascade de glace, la nature du terrain empira encore. Les petits ruisseaux du glacier qui parcouraient cette partie s'étaient transformés en torrents au courant rapide. Parfois, nous tentions de les longer sans perdre l'équilibre ; ou nous les franchissions d'un bond ; et parfois, fatalement, nous pataugions dans l'eau glacée qui remplissait nos chaussures, provoquant un bruit de succion lorsque nous marchions.

Finalement, au début de la moraine du glacier, j'ai cru qu'on n'irait pas plus loin. Il faisait maintenant complètement noir, et Westmacott n'était plus qu'une vague forme face à moi. Je m'assis sur un bloc, haletant et hagard, ignorant ensuite la brusque traction sur la corde, comme on mépriserait totalement une touche sur une ligne de pêche en haute mer.

« Que se passe-t-il ? »

« Je pense que je vais m'arrêter là un moment, dis-je aussi négligemment que possible, pour reprendre mon souffle. Je vais juste rester tranquillement assis là une ou deux minutes. Continuez, Mike, ne vous occupez pas de moi. »

« Ne soyez donc pas ridicule », dit Westmacott. Son ton était si catégorique que je me suis à nouveau levé pour le suivre sur le glacier. En outre, nous étions presque arrivés. Nous retrouvions un lieu familier, et au-dessus de nous se dressait la proche silhouette du Pumori. La cascade de glace n'était plus qu'un rêve tourmenté derrière nous. Je mis la main dans la poche de ma veste coupe-vent pour m'assurer de la présence de mes notes, avec le petit code que j'allais utiliser. Tout était bien là.

Pour l'heure, une lueur dansait devant nous ; et dans le noir apparut un Sherpa âgé muni d'une lanterne qui nous souriait dans les ténèbres. Il nous aida à ôter nos crampons et m'enleva le piolet de la main, qui tremblait de façon incontrôlable à cause de la fatigue.

Pensant aux émetteurs, je lui demandai sans attendre : « Quelqu'un est venu au camp de base ? M. Jackson est-il revenu, ou M. Tiwari ? »

Il me répondit : « Personne, sahib. Il n'y a personne d'autre que nous autres, les Sherpas. Comment ça se passe sur la montagne, sahib ? Tout va bien là-haut ? »

Je lui dis que tout allait bien en serrant sa main ridée. Très bien, même.

Puis nous plongeâmes sous nos tentes. Il y avait quelques lettres, quelques journaux, et bien vite un repas chaud apparut. Mike me rejoignit pour le manger, nous nous serrâmes confortablement dans ma tente pour nous alimenter et lire dans la chaleur. J'étais épuisé, car ce jour d'excursion cumulant l'ascension entre les camps III et IV et la descente au camp de base n'avait rien de facile pour un novice ; et il m'avait semblé que la cascade de glace, dans cette phase de dégradation et de déclin, ne fut rien moins que cauchemardesque.

Était-ce vraiment si terrible, demandai-je ? Ou bien est-ce moi ?

« C'était terrible ! » répondit immédiatement Westmacott en m'observant avec bienveillance à travers ses lunettes, tel un physicien émérite prescrivant une bonne potion de grand-mère.

Nous restâmes étendus un bon moment à paresser, à parler de tout ce que nous venions de vivre, en nous souvenant de temps à autre que l'Everest avait été gravi, enfin en nous demandant comment la nouvelle serait reçue à Londres. Je me projetai un peu en avant pour imaginer des titres honorifiques. « Sir Edmund Hillary » sonnait assurément étrangement. Et concernant Tenzing ? « Sir Tenzing and Lady Norkay » ? « Lord Norkay of Chomolungma » ? Mais non, il était Indien, ou Népalais (personne ne pouvait vraiment le dire), et ne pouvait être qualifié avec des titres aussi clinquants : de toute façon, il serait honoré comme un roi. Nous échangeâmes quelques signes endormis de satisfaction, puis Westmacott se dégagea lentement de ma tente. Je le remerciai pour toute sa gentillesse dans la cascade de glace et nous nous souhaitâmes bonne nuit.

Mais avant que je puisse dormir, une tâche m'attendait. En me tournant dans mon sac de couchage, ce qui s'avérait très inconfortable tant mes jambes étaient dures comme du bois – sans compter les coups de soleil un peu partout sur mon corps qui provoquaient des douleurs au moindre mouvement –, j'extirpai ma machine à écrire d'une pile de vêtements pour la poser sur mes genoux afin de rédiger un message. C'était la courte dépêche annonçant la victoire dont je rêvais depuis des mois. Oh, M. Tiwari à Namche et M. Summerhayes à Katmandou ! Oh, vous les hommes de radio attentifs à Whitehall ! Oh, vous les opérateurs, les dactylos, les correcteurs, les lecteurs, les auditeurs, les hommes d'État, les généraux, les présidents, les rois, les reines et les archevêques ! J'ai un message pour vous !

Bien, voyons, maintenant. Sortir le papier froissé avec le code ; monter la lumière de la lampe-tempête, il commence à faire noir ici ; papier dans la machine, ne pas s'enquiquiner avec du carbone ; caler ses jambes avec un vieux sac de voyage bourré de pulls et de chaussettes : choisir ses mots avec un doigt sale dont l'ongle est cassé ; et c'est parti !

Mauvaises conditions de neige – stop – camp de base avancé abandonné – stop – attendons amélioration

Ce qui signifiait après décryptage :

Sommet de l'Everest atteint le 29 mai par Hillary et Tenzing.

Je le relus pour que tout soit précis. Tout convenait. Je le vérifiai encore. Tout allait toujours. Je le sortis de la machine à écrire et entrepris de le plier dans son enveloppe : mais en procédant, je me remémorais les termes, tout en me souvenant de l'extase et du plaisir générés par l'événement, en particulier de ce cher vieux Sherpa venu nous saluer avec sa lanterne une heure ou deux plus tôt, quand nous sommes sortis de la cascade de glace.

J'ajoutai donc au bas de mon texte : *Tout va bien !*

« Portez cette enveloppe aux Indiens à Namche ! », dis-je dès l'aube au coursier, un jeune homme dégingandé au visage allongé, particulièrement rapide et fiable. « Partez seul, soyez rapide et silencieux ! Ne parlez à personne en chemin ! Remettez-la au sahib indien, puis courez jusqu'à Chaurikharka. C'est OK ? Maintenant, au revoir et bonne chance ! Pensez à rester à la fois rapide et silencieux ! »

Je le regardai quitter le camp et me faire des signes d'adieu depuis une crête au loin, puis il disparut plus bas sur le glacier. J'avais encore une chose à faire ce matin-là avant de le suivre aussi vite que possible, pour le retrouver sur l'autre versant de Namche et m'assurer que tout s'était bien déroulé. Si les Indiens refusaient d'envoyer mon message, je devais aller les voir moi-même pour essayer de les convaincre : mais je préférais éviter le village, au cas où l'on me poserait des questions gênantes sur la nature de mon message, ou sur la raison de mon départ de la montagne. Et je devais d'abord envoyer une dépêche par la route normale, à travers les collines jusqu'à Katmandou. Ainsi, faute de pouvoir compter sur la radio, la nouvelle atteindrait quand même Londres en une semaine, comme je l'avais promis à John dans la combe Ouest.

Je le tapai sur ma machine à écrire dans la chaleur du matin, à partir des notes prises au camp IV la veille. Tout me vint facilement et vite tant l'événement était récent et précis, la nouvelle si géniale, et j'étais encore excité par ce que j'avais vu. Hier, haut dans la combe, cette excitation était un peu altérée par l'altitude ; aujourd'hui, bien que mon corps s'en ressente encore, tout cela me submergeait avec une exaltation renouvelée. J'en eus vite fini, retardé en une seule occasion par le vent qui emporta une feuille de papier qui vola frénétiquement à travers la moraine, poursuivie par quelques Sherpas hilares armés de poêles à frire. Ça ne dura pas et je l'enfermai minutieusement dans trois enveloppes que je remis à mes trois derniers messagers. Tous les autres étaient sortis, quelque part dans les montagnes entre l'Everest et Katmandou; mais j'avais gardé les meilleurs d'entre eux pour ces dernières dépêches. Ils s'inclinèrent, me serrèrent la main, plongèrent les documents sous leurs capes et partirent. Je les rencontrerai sur la route du retour vers la capitale alors qu'ils regagnaient Sola Khumbu, leur travail terminé; mais comme je les connaissais bien et que je leur faisais confiance, je leur avais payé la totalité de ce que je leur devais en avance, avec en plus le coquet bonus réservé à ceux qui faisaient le parcours en six jours. Il ne faisait d'ailleurs aucun doute qu'ils accomplirent leur mission exactement comme promis, car lorsque je les ai croisés (juste le temps d'un au revoir) dans la brume sur une crête herbeuse, nous étions à mi-chemin entre le camp de base et Katmandou.

Le camp de base était quasi désert. Il ne restait que Westmacott, quelques Sherpas et moi. Nous attendions quelques autres alpinistes ce soir-là: les autres, occupés à conditionner consciencieusement du matériel dans la combe, arriveraient le lendemain. Je fermai tous mes sacs, jetai mes ordures, puis je distribuai mes charges aux Sherpas. Les caisses contenant le trésor étaient désormais bien plus légères et j'avais perdu quelques effets personnels: mais j'avais acquis une petite paire de chaussures tibétaines, fabriquées à Namche pour mon fils aîné et envoyées en cadeau par Roberts, qui les avaient commandées en repartant vers le sud. Pour le reste, mes biens, à mon image, étaient en piteux état, bien plus abîmés, sales et usés qu'ils ne l'étaient quand je les avais préparés, plein d'entrain et de confiance, à Katmandou.

Je déjeunai de bonne heure (pommes de terre bouillies, chocolat, fromage et limonade), serrai la main de Westmacott, fixai mon sac sur le dos et quittai le camp. J'envisageais d'atteindre Lobuche dans la nuit pour continuer le lendemain dans la vallée de la Dudh Kosi, au sud de Namche. Autrefois, cela représentait une marche de quatre ou cinq jours, mais il était important pour moi de rejoindre l'autre versant de Namche aussi vite que possible, car le coursier remettrait probablement mon message aux Indiens le lendemain matin. Nous avons donc entamé la descente depuis le glacier d'un pas soutenu. Je me retournai une fois, pas pour voir encore l'Everest, mais seulement pour dire au revoir à Westmacott, toujours coiffé de son large chapeau et assis sur une caisse d'emballage au camp, en train de lire le *Times*. Très vite la montagne fut derrière nous, et nous devions nous frayer un chemin parmi de multiples torrents, mares et autres chutes d'eau, qui arrosaient maintenant la moraine sous l'influence de l'été. Je marchais à moitié hébété, à la fois engourdi par l'excitation et la fatigue, en pensant vaguement et délicieusement à des endroits très loin d'ici.

Nous dépassâmes Camp Lake sans nous arrêter. La surface de l'eau était toujours grise et rébarbative, alors que quelques tas de branches brûlées et de cendres indiquaient les abris utilisés face au blizzard par les robustes Sherpas quelques semaines plus tôt. Sonam, qui marchait près de moi, me toucha l'épaule et me montra derrière nous la lointaine arête, sur les flancs du Pumori, où nous avions mangé des sandwiches givrés en fixant émerveillés le paysage dans la combe Ouest. Si nous devions retourner grimper là-bas un jour, je me dis que l'on ne verrait toujours rien sur l'Everest ; si le vent ne les avait pas encore emportés, les drapeaux au sommet seraient impossibles à distinguer, et seul l'œil de la foi pourrait voir le petit crucifix de John Hunt dans la neige. Sonam sourit gentiment, et, sans raison particulière, tendit le bras pendant que nous marchions et me serra la main.

Nous arrivâmes ainsi à Lobuche, un lieu agréable et vert. Un petit torrent courait près de la cabane du gardien du troupeau de yaks dans laquelle nous avions dormi, et l'herbe à l'extérieur était mouchetée de fleurs. Nous avons trouvé des traces d'occupation récente à l'intérieur, car durant l'expédition la plupart des grimpeurs avaient fait halte ici à un moment ou un autre pour se reposer ; c'est ici que John Stobart, pris de troubles respiratoires dans l'obscurité de la cabane, fut victime d'un début de pneumonie. Le soir tomba peu après notre arrivée, et nous restâmes longtemps assis autour du feu en mangeant des pommes de terre et en parlant des yétis. Désormais, alors que mes messages étaient partis, j'avais dit à mon petit groupe de fidèles ce qu'il en était au sujet de l'Everest, et le *chang* arrosa nos libations.

Je me levai tôt le lendemain matin, et, après avoir pris rapidement une tasse de thé et un petit-déjeuner, je suis parti me balader dans une combe rocheuse proche qui m'aurait conduit, si j'avais eu le temps ou l'idée de la suivre, dans la vallée voisine de Chola Khola. Il s'agissait de l'une de ces ravines étouffantes, grises et sinistres, où la présence d'hommes des neiges était possible, et je ne l'empruntai pas très longtemps. Pas d'homme des neiges en vue ; mais en grimpant sur une petite plateforme rocheuse à proximité, je vis, plus haut sur le glacier et venant de l'Everest, une silhouette solitaire. Mon cœur bondit. Cela signifiait-il qu'un misérable Sherpa aurait vendu son âme à la presse, et qu'il se hâte pour descendre la combe Ouest et se diriger vers

Namche avec la nouvelle ? Quelle crapule ! Je saisis fermement mon piolet, et tel un colonel irascible prêt à s'occuper d'intrus, je repartis d'un pas lourd dans la combe, ne me souciant plus de découvrir des yétis. Bonté divine, pensai-je, qui que ce soit, il avance vite. Il a sans doute l'habitude de marcher ! Et en observant la silhouette qui s'approchait, je m'aperçus qu'il ne s'agissait pas d'un Sherpa ordinaire, tant il se déplaçait vite et avec élégance dans la vallée, sans hésiter et plein d'entrain, semblable à une créature parfaite des montagnes ! Un chapeau à large bord ! De hautes chaussures en renne ! Un sourire illuminant le glacier ! Les bras ouverts pour une accolade ! Tenzing !

« Ma foi, Tenzing ! N'avez-vous pas marché assez loin ? Au nom du ciel où filez-vous ainsi, comme si vous aviez le diable aux trousses ? »

Il ôta son grand chapeau, toujours souriant, et s'assit sur un rocher, pendant que mes Sherpas excités se pressaient autour de nous. Il nous expliqua qu'il se rendait au village voisin de Thame, pour voir sa mère âgée qui vivait là. Sa fraîcheur et sa force me stupéfièrent. Je me dis qu'il semblait assez âgé, plus que le jour de notre première rencontre, au pied de la colline à Tengboche. Sans doute également plus fin ; peut-être légèrement plus sûr de lui, comme s'il avait une vague idée des événements à venir ; mais il était toujours aussi enthousiaste et bondissant, alors que seulement deux jours plus tôt il s'était hissé sur le toit du monde, au prix d'une performance physique hallucinante.

Il allait se laver et se reposer, avant de franchir la crête plus haut pour gagner son village. Nous avons pris un petit-déjeuner ensemble, et je lui ai demandé, en souvenir de notre rencontre ici, s'il avait une photographie qu'il voudrait bien me dédicacer. Il sortit de son portefeuille un cliché le montrant avec plusieurs petits terriers tibétains. Il expliqua fièrement : « Le dalaï-lama me l'a donné quand j'étais à Lhassa avec le professeur Piccardi. » Prenant un stylo dans sa poche, il inscrivit lentement sa signature (le seul mot qu'il sache écrire) au bas du cliché et me le tendit avec un sourire modeste. La dernière fois que je le vis à Lobuche, il avait dénudé son corps mince et souple jusqu'à la taille et se savonnait au-dessus d'une cuvette métallique pleine d'eau. Il semblait avoir froid.

Après avoir côtoyé des pics enneigés, nous avons pénétré dans la vallée alpine de Phalong Karpo, humide et verdoyante. Je pensais que mon coursier avait maintenant remis mon message à M. Tiwari, et si tout allait bien, il partirait pour Katmandou par la transmission de l'après-midi. Mais qui pouvait dire ce qui s'était produit en chemin ? Avait-il été intercepté par des rivaux sans scrupule ? Le coursier m'avait-il laissé tomber, et trouvé les ex-nonnes de Tengboche, ou le *chang* de Namche, si attirants qu'il avait perdu depuis longtemps ce précieux message ? M. Tiwari l'avait-il repoussé ? Ou vu très vite, avec son œil aiguisé de policier, que le message n'était pas ce qu'il prétendait être ?

Bien, il restait quand même les autres coursiers, qui allaient grand train devant nous sur la route de Katmandou. La capitale grouillait maintenant de rumeurs relatives à l'Everest. De folles et fantastiques informations apparaissaient dans la presse, et la moitié du monde croyait ce court message mensonger qui annonçait l'échec de l'assaut, qui nous avait atteints si effrontément au moment de la réunion. Je vécus donc des instants d'angoisse en me dépêchant parmi les yaks statiques. Depuis le camp de base, je savais que nul ne m'avait précédé au bas de la montagne. Il y avait au devant trois hommes à moi transportant dans leurs poches les nouvelles de la réussite. Une seule chose me réconfortait alors que je pensais aux rencontres humaines tentantes auxquelles ils étaient susceptibles d'être confrontés au cours du voyage : aucun d'entre eux ne savait ce qu'il convoyait !

Les moines nous accueillirent aimablement à Tengboche, et nous nous reposâmes quelque temps sur un mur de pierres peu élevé à l'extérieur du monastère. De nombreux dévots amicaux, assidus et curieux, accompagnés de Sherpas, venaient nous entourer, et beaucoup posaient la même question précise et spécieuse. Mes Sherpas, parfaitement informés de la nécessité de garder le secret encore quelques jours, en faisaient presque trop avec leurs expressions exagérées de complot, leurs visages crispés par le mutisme, leurs clignements d'yeux, leurs doigts sur les lèvres, leurs joues prêtes à éclater pour contenir un rire ou ne rien divulguer. Nous passâmes cette étape sans dommage.

Peu après Tengboche, sur la piste de Namche Bazar, il se produisit une très bonne chose : j'ai croisé complètement par hasard Peter Jackson, qui rentrait chez lui à la villa délabrée qu'il avait louée aux moines. Quand nous nous sommes vus, dans l'ombre discrète des genévriers, nous avons tous deux stoppé, interloqués.

« Bien, bien… », dit Jackson.

« Oh, hum ! », répliquai-je.

« Vous voilà revenu », dit Jackson.

« Plus ou moins », répliquai-je.

« Il fait très beau, vous ne trouvez pas ? »

« Plutôt, effectivement. »

« Êtes-vous, euh, en train de quitter la montagne ? »

« Oh, je suis resté là-haut si longtemps, vous savez, je ressens le besoin de me reposer. Ça va faire du bien de redescendre pour retrouver un peu de verdure. »

« Mmm… Tout va bien ? »

« Pas trop mal. »

« Tout le monde est OK? »

« Plus ou moins. »

« Ce serait dommage que personne n'arrive en haut, cette fois. »

« Ce serait terrible, vraiment terrible. Mais il resterait les Français… »

« Bien… », dit Jackson.

« Oh, ah! », répliquai-je.

Et après avoir échangé une poignée de mains et un sourire forcé, nous nous séparâmes, lui pour gravir la colline jusqu'à Tengboche, moi en continuant mon périple vers la vallée. Avec ce court et énigmatique échange, j'espérais lui avoir laissé la vague impression que tout n'allait pas si bien pour l'expédition, sans non plus lui raconter de véritables sornettes; mais il me dira plus tard que je ne l'avais pas convaincu; ma référence évasive aux Français, dont je m'étais flatté, entendait que l'expédition de Hunt se préparait pour le moins à laisser la montagne aux candidats de l'année suivante: mais j'avais oublié que si ces assauts précédant la mousson échouaient, il y aurait certainement une autre tentative britannique à l'automne. Jackson détecta tout de suite cette contradiction dans mes sous-entendus, et tout en retournant à son monastère, il commença à croire assez sérieusement que l'Everest avait été gravi.

Mais bon! J'avais aussi écarté cet écueil; il n'avait toujours pas de radio; et n'entendrait aucune nouvelle avant qu'elle ne se propage depuis le village de Tenzing, soit dans un jour ou deux. Nous arrivâmes bientôt à proximité de la crête herbeuse dominant Namche Bazar. Un petit groupe d'hommes et de femmes se tenait là, occupés à d'étranges tâches avec des brins de laine, alors que quatre ou cinq enfants leur tournaient autour en leur faisant des grimaces. Je craignais que des informations de notre passage descendent jusqu'au village, ou que depuis les fenêtres les plus élevées, des yeux perçants aperçoivent ma petite caravane quand elle contournerait le site. Il y avait un grand espace herbeux parfaitement visible du village, que nous avons traversé au pas de charge, nos bagages et sacs à dos se balançant en brinquebalant, mon attirail personnel émettant des bruits étranges, pendant que les Sherpas les plus âgés soufflaient bruyamment. Mais personne n'apparut pour nous intercepter, et bientôt nous progressâmes dans une forêt dense à l'est de Namche, avant de dévaler une pente raide jonchée de feuilles menant à la Dudh Kosi, qui coulait tranquille et laiteuse entre les arbres.

Alors que nous descendions, une lassitude inattendue et désagréable m'envahit ; peut-être les effets de la désacclimatation. J'avais manqué de forces plus haut sur le glacier ; maintenant je n'étais plus seulement faible mais incroyablement paresseux. J'avais du mal à bouger mes membres et à forcer mes poumons à fonctionner ; et souvent, alors que nous longions le cours d'eau, je devais ôter mon sac à dos et m'asseoir sur un rocher, la tête entre les mains en essayant de retrouver mon énergie. Le sentier était facile, le cadre splendide ; la mousson éclaterait bientôt et l'air embaumait d'une humidité fraîche ; mais là, je venais de passer trois mois interminables à l'Everest, et après une longue, très longue marche depuis Lobuche, mon corps et mon esprit se rebellaient.

Le soir était tombé. L'air était calme et parfumé. Nous étions à nouveau entourés de pins et d'une végétation luxuriante, tandis que le grondement de la rivière en crue bourdonnait dans nos oreilles. Sur la rive occidentale de la Dudh Kosi, quelque dix kilomètres au sud de Namche Bazar, se trouvait un hameau sherpa du nom de Benkar. Nous y fîmes halte pour la nuit alors que l'obscurité s'installait. Dans une petite clairière carrée parmi les maisons, Sonam monta ma tente, puis je déployai l'antenne de mon récepteur radio. Fidèles à leurs habitudes, les Sherpas investirent gaillardement les maisons environnantes et élurent domicile au milieu de la paille, des feux et des patates dans les pièces à l'étage. Une odeur de cuisson et le parfum du thé nous parvinrent bientôt. Alors que j'étais assis à l'extérieur de ma tente en train de méditer, avec comme seule compagnie quelques gamins impassibles debout face à moi, Sonam émergea avec une énorme assiette de poulet rachitique, une grande tasse de *chang*, du thé, du chocolat et des *chapatis*.

En mangeant, je me demandais où pouvait bien se trouver ma nouvelle. Volait-elle déjà vers l'Angleterre depuis Katmandou ? Ou bien progressait-elle péniblement à travers les collines himalayennes dans les mains de ces coursiers déterminés ? Demain, le 2 juin, serait-il à la fois le jour du couronnement et de l'Everest ? Ou la nouvelle de l'ascension tomberait-elle plus tard à Londres, comme un magnifique et ultime tintement des cloches de l'abbaye de Westminster ? Je n'avais aucun moyen de le savoir ; j'étais seul dans le vide ; le poulet était coriace ; les gamins agaçants ; je partis au lit.

Mais la matinée du lendemain commença bien. Paresseusement, alors que le soleil réchauffait doucement mon sac ce couchage, je tendis une main en dehors du sarcophage qui m'enveloppait vers le bouton de la radio. Quelques tâtonnements ; des grésillements et des sifflements ; puis la voix d'un Anglais.

Il dit que l'Everest avait été gravi. On avait transmis la nouvelle à la reine la veille de son couronnement. La foule qui patientait dans les rues humides de Londres avait applaudi et dansé à l'annonce de l'information. Après trois décennies d'efforts, soit une génération, le point culminant de la Terre avait été atteint, point d'orgue de l'accomplissement de l'une des plus grandes aventures. La première diffusion de la nouvelle de l'Everest du couronnement (c'étaient les mots d'un brave homme à Londres) provenait d'une dépêche exclusive du *Times*.

Je sautai de mon lit en rejetant mes affaires autour de moi, déchirai le rabat de la tente, jaillis à l'air libre avec mon tee-shirt sale, mes chaussures explosées et mon pantalon en lambeaux ; mon visage était mangé par la barbe, ma peau gercée par le soleil et le froid, ma voix enrouée. Mais je criai vers mes Sherpas, dont les yeux chassieux apparaissaient aux fenêtres alentour :

« Chomolungma, c'est fini ! Everest, terminé ! Okay ! »

« Okay, sahib ! répliquèrent les Sherpas. Le petit-déjeuner, maintenant ? »

Loin là-bas dans l'abbaye de Westminster, alors que les notables s'apprêtaient, ce matin-là le maréchal Montgomery ouvrit son journal pour lire la nouvelle de l'Everest : ainsi une aventure s'achevait en traversant les continents avant de rejoindre les détails de l'histoire.

12.
ÉPILOGUE

Un demi-siècle plus tard, le souvenir de ce joyeux triomphe est teinté de regret. La représentation de l'Everest a perdu sa magie alors que notre monde a rétréci, le genre humain s'est multiplié et il ne subsiste presque rien d'inconnu. Après 1953, l'Homme a marché sur la Lune, et rien moins que des centaines d'hommes et de femmes se sont dressés sur cet absolu, 8 850 mètres au-dessus du niveau de la mer, où Hillary et Tenzing ont écrit leurs noms dans les livres d'histoire il y a cinquante ans.

Bon nombre d'entre eux y sont parvenus comme clients d'entreprises commerciales, moyennant de fortes sommes d'argent pour ces expériences, ôtant à l'Everest une grande part de sa dimension spirituelle. Il suffit de voir les monceaux de détritus qu'ils ont laissés derrière eux. Il suffit de voir les facilités d'accès à la montagne, par voie aérienne ou par la route, et la prolifération des lodges et des hôtels sur les itinéraires de trekking. Il suffit de voir la profusion de livres, d'articles de presse, de mémoires, de films et de documentaires, certains superbes, d'autres pitoyables, qui ont favorisé une reconnaissance planétaire de l'image sublime de Chomolungma.

La notion du couronnement de la reine d'Angleterre a également perdu son charme ésotérique. Pas seulement en Angleterre, mais aussi partout dans le monde, on a bien senti que la famille royale était plus là pour alimenter les tabloïds que la grande histoire. La loyauté s'est divisée. Le mysticisme n'a plus sa place dans les affaires d'État. Des milliers de personnes en émoi se presseraient sans doute encore si un nouveau monarque anglais était couronné à l'abbaye de Westminster, mais sans la même immense fierté et cette superstition contenue qui les habitait en 1953.

Je me suis toutefois toujours situé à l'écart de telles sources d'inspiration – pour moi l'Everest n'avait rien de sacré, encore moins les rois et les reines –, et mes propres regrets, quand je reviens sur cette vieille aventure, sont bien plus personnels. Beaucoup de mes camarades sur la montagne, devenus mes amis, sont morts depuis, certains sur d'autres hauteurs, d'autres plus bas dans les plaines. Tout d'abord Tenzing, et John Hunt (depuis Lord Hunt, baron Hunt de Llanfair Waterline, chevalier du très noble ordre de la Jarretière), parti en 1988 sans avoir eu le temps de fêter le cinquantenaire de son succès. Là-bas en Himalaya, il ne reste plus beaucoup de Sherpas pour partager leurs souvenirs de l'expédition autour d'un *chang*. Chez moi au Pays de Galles, en voyant les survivants de l'ascension rassemblés lors de réunions périodiques au pied du mont Snowdon, ils me donnaient l'image de *gentlemen* âgés civilisés, plus fins et affûtés que jamais, mais confrontés comme tout le monde à l'irréparable outrage des ans.

Mais si les ascensionnistes de l'Everest vieillissent et meurent, si l'Everest lui-même a perdu de sa superbe, si les couronnements ne sont plus à la mode, et si les nouvelles peuvent être flashées instantanément par satellite partout sur Terre, cette première ascension de 1953 reste, dans mon esprit, une aventure parmi les plus honorables et les plus pures. Elle a conservé toute son aura au fil du temps. Le mont Everest est aujourd'hui jonché de corps d'alpinistes de différentes nationalités, mais aucun ne perdit la vie en 1953. Aucun de ces grimpeurs n'exploita outrageusement sa célébrité suite à la réussite, et plusieurs d'entre eux se sont dédiés dans les années suivantes à l'amélioration des conditions de vie du peuple sherpa. Je les avais trouvés très *respectables* dès notre première rencontre, et globalement ils le restèrent.

L'expédition de 1953 à l'Everest n'a pas trahi ses propres valeurs, qui sembleraient de nos jours un peu démodées, mais cela fait toute leur force. En cette époque de mauvais goût trivial et de désillusion, cela reste un souvenir dont il convient d'être fier.

Jan Morris, *à Trefan Morys, 2003*

INDEX DES NOMS

Ama Dablam, 71
Ang Nyima, 52, 108, 109, 130
Annapurna, 13
Annulu, 136,
Auckland Weekly News, 159
Band, George, 61, 81, 85, 85, 86, 87, 96, 102, 103, 137, 155
Banepa, 38, 39, 40, 41
Benkar, 185
Bhaktapur, 36, 38, 41
Bihar, 19, 22
Bourdillon, Tom, 61, 100, 102, 103, 137, 149, 150, 155, 162
BBC, 137
Bullock, George, 78
Calcutta, 54, 135
Chaurikharka, 68, 114, 177
Chola Khola, 180
Christian Science Monitor, 120
Daily Mail, 28, 54, 55
Darjeeling, 11, 31, 108, 111
Da Tenzing, 144
Delhi, 21, 57, 70
Dudh Kosi, 52, 108, 179, 185
Élisabeth, reine, 9, 172
Evans, Charles, 61, 69, 100, 102, 103, 142, 143, 144, 145, 155, 162
Fisher, lord, 47
Garrick Club, 14, 171
Gregory, Alfred, 61, 69, 102, 103, 105, 137, 155, 162
Gunara, 145
Helyg, 66, 67, 68, 92, 159
Hillary, Edmund, 61, 66, 73, 95, 97, 98, 100, 102, 103, 137, 142, 145, 149, 156, 157, 158, 161, 162, 163, 164, 175, 176, 189
Hunt, John, 10, 13, 14, 18, 19, 28, 34, 39, 40, 42, 48, 53, 54, 57, 61, 63, 66, 69, 72, 73, 74, 79, 80, 85, 92, 93, 99, 100, 101, 102, 103, 104, 105, 126, 130, 136, 137, 146, 150, 153, 155, 156, 160, 162, 171, 180, 190
Hutchinson, Arthur, 18, 20, 28, 29, 34, 48, 61, 121
Illustrated London News, 21
Izzard, Ralph, 28, 34, 35, 48, 53, 58, 122, 123, 135, 137
Jackson, Peter, 134, 135, 137, 170, 174, 183, 184

Jogbani, 19, 52
Katmandou, 16, 18, 19, 20, 21, 22, 23, 24, 25, 26, 28, 29, 30, 33, 34, 35, 36, 38, 40, 42, 47, 48, 54, 57, 58, 60, 61, 64, 69, 80, 85, 102, 110, 119, 121, 122, 135, 136, 150, 151, 176, 177, 178, 179, 182, 186
Khumbu, glacier du, 54, 66, 70, 77, 104, 123, 130, 140, 145, 154, 160, 173
Kot, palais, 34
Lho La, 77, 83, 84, 87
Lingtren, 77
Lobuche, 155, 179, 180, 182, 185
Lowe, George, 61, 73, 102, 103, 130, 137, 142, 157, 162
Mallory, George Leigh, 69, 77, 78, 82, 95, 100, 104, 115
Meksin, 49, 120, 122
Montgomery, lord, 187
Namche Bazar, 40, 48, 56, 58, 108, 116, 151, 183, 184, 185
Nangpa La, 57, 61, 111, 122
Nord, col, 83
Nord, pic du, 84
Norton, colonel E. F., 115
Noyce, Wilfrid, 20, 61, 68, 91, 102, 103, 135, 136, 155, 157, 160, 168
Nuptse, 73, 76, 129, 157
Pangboche, 143, 144, 145, 147, 148
Pasang Phutar, 157
Patna, 19
Phalong Karpo, 182
Proud, colonel, 39, 40, 42
Pugh, Griffith, 101, 102, 150, 151, 152, 153, 155
Pumori, 77, 81, 84, 87, 99, 129, 133, 149, 154, 164, 174, 179
Reuters, 134
Risingo, 51
Roberts, major J. O. M., 18, 30, 31, 36, 38, 39, 43, 44, 45, 53, 56, 159, 178
Rongbuk, 64, 83, 115
Sen Tenzing, 32, 43, 45, 108, 109
Shipton, Eric, 115
Sikkim, 16
Sola Khumbu, 35, 48, 52, 108, 109, 112, 122, 178
Sonam, 68, 71, 81, 84, 114, 115, 116, 163, 164, 179, 180, 186
Stobart, Tom, 102, 103, 127, 155, 161, 180
Summerhayes, Christopher, 29, 58, 176,
Taweche, 71
Tengboche, 53, 63, 64, 65, 66, 67, 69, 70, 71, 114, 116, 135, 140, 154, 155, 164, 181, 182, 183, 184
Tenzing, 61, 66, 68, 84, 100, 101, 102, 103, 109, 137, 149, 156, 157, 158, 161, 162, 163, 164, 165, 175, 176, 181, 184, 189, 190
Teraï, 19, 69
Thagnak, 143
Thame, 181

Times, The, 197, 12, 13, 14, 18, 29, 42, 54, 101, 122, 123, 127, 159, 171, 179, 187
Those, 49
Tibet, 11, 15, 16, 57, 77, 79, 83, 87, 104, 111, 122
Tilman, H. W., 115
Tiwari, M., 56, 57, 58, 59, 60, 123, 124, 126, 135, 137, 151, 174, 176, 182
Tsang Dorje, 145
Ward, Michael, 61, 81, 102, 103, 104, 105, 127, 128, 155
Westmacott, Michael, 61, 68, 85, 102, 103, 152, 155, 160, 168, 169, 171, 172, 173, 174, 175, 178, 179
Westminster, 186, 187, 190
Wylie, Charles, 61, 102, 103, 155, 168

TABLE DES MATIÈRES

1. Introduction 9
2. Théorie 15
3. Préparatifs 21
4. Approche 41
5. Arrivée 63
6. Alpinisme 85
7. Sherpas 107
8. Mise en œuvre 119
9. Hommes des neiges 139
10. Ascension 149
11. Descente 167
12. Épilogue 189

Index 192

James Morris. 1953. *Coll Jan Morris*

L'AUTEURE

Jan Morris (née homme sous le patronyme de James Humphry Morris ; 2 octobre 1926 – 20 novembre 2020) est une historienne galloise, auteur et écrivaine de voyage. Elle est notamment connue pour sa trilogie *Pax Britannica (1968-1978), une histoire de l'Empire britannique*, et pour ses portraits de villes, dont Oxford, Venise, Trieste, Hong Kong et New York. Elle publie sous son nom de naissance, James, jusqu'en 1972, date à laquelle elle subit une opération de changement de sexe pour devenir femme.

En 1953, sous le nom de James Morris, elle fait partie de la première expédition britannique victorieuse sur l'Everest. Seule journaliste à accompagner l'expédition, elle atteint avec l'équipe un camp situé à 6700 mètres sur la montagne et, grâce à la célérité de ses coursiers sherpas, elle parvient à prévenir le *Times* de la réussite de l'expédition juste à temps pour le couronnement de la reine Elizabeth II, le 2 juin 1953.

Elle est distinguée de l'Ordre de l'Empire britannique et devient membre de la *Royal Society of Literature*. Elle reçoit plusieurs prix littéraires, notamment le Golden PEN Award en 2005 pour l'ensemble de son œuvre. En janvier 2008, le *Times* la nomme quinzième plus grand écrivain britannique depuis la Guerre.

On doit à Jan Morris plusieurs livres sur l'Empire britannique : *The Pax Britannica Trilogy (Heaven's Command, Pax Britannica et Farewell the Trumpets)* à propos de la montée et de la chute de l'empire de la reine Victoria ; *The Spectacle of Empire* décrit les caractéristiques de l'Empire britannique à son apogée ; *Stones of Empire* traite de l'architecture britannique en Inde ; enfin, *Fisher's Face* est la biographie facétieuse d'un amiral victorien. Elle signe également six livres sur des villes et des pays du monde, deux autobiographies, plusieurs volumes tirés de récits de voyages, un roman et, plus récemment, l'inclassable *Trieste and the Meaning of Nowhere.*

N.D.E : Pour les lecteurs ayant apprécié ce récit de Jan Morris, les Éditions du Mont-Blanc recommandent *Everest, la première ascension* de Harriet Tuckey. Cet ouvrage apporte encore un nouvel éclairage sur cette première ascension de l'Everest – un livre captivant, plein de surprises.

Dans la même collection

- *Voler l'Everest,* RUTH HANSON, 2012
- *Les Mystères de l'Everest,* MICHAEL WARD, 2013
- *Le Choix du vide,* STEPH DAVIS, 2013
- *Décroche-moi une étoile,* MIRIAM GARCIA PASCUAL, 2014
- *Trois Tasses de mensonges*, JON KRAKAUER, 2014
- *Everest, la première ascension,* HARRIET TUCKEY, 2014
- *High Crimes,* MICHAEL KODAS, 2015
- *Les Tribulations de Mick et Vic en Himalaya,* MICK FOWLER & VICTOR SAUNDERS, 2015
- *Piégés sur le K2*, GRAHAM BOWLEY, 2017
- *Cerro Torre,* KELLY CORDES, 2017
- *Pourquoi nous aimons gravir les montagnes,* MARCO TROUSSIER, 2017
- *Chamonix-Langtang*, PIERRE PILI, 2018
- *Je ne te ferai pas attendre*, NIVES MEROI, 2018
- *Les Transitions silencieuses*, JUANJO SAN SEBASTIAN, 2018
- *Jacques Balmat. Les ultimes traces d'un chercheur d'or,* DANIEL GRÉVOZ, 2018
- *Le Ciel pour linceul*, PETER ZUCKERMAN & AMANDA PADOAN, 2018
- *La Première Ascension de l'Ogre*, DOUG SCOTT, 2018
- *La Garet, nous voilà,* JACQUES RAMOUILLET, 2018
- *Puncak Jaya,* JEAN FABRE, 2018
- *Eiger extrême*, PETER & LENI GILMAN, 2019
- *L'Homme des tempêtes*, VINCENT LAPOUGE, 2019
- *Le Père des glaciers,* FRANÇOISE CADOUX, 2019
- *Ici Elvira, vous m'entendez ?* LINDA COTTINO, 2020
- *Nous étions immortels*, MAURIZIO ZANOLLA, 2020
- *Paul Preuss, le seigneur des abîmes,* DAVID SMART, 2020

- *Le Guide et le Procureur,* JACQUES DALLEST, ERIK DECAMP ET ALEXIS MALLON, 2020
- *L'Apprentissage du risque,* DANIEL GRÉVOZ, 2020
- *Toujours y croire,* DIERDRE WOLOWNICK, 2020
- *Everest, l'arête ouest,* THOMAS F. HORNBEIN, 2021
- *Cheminements,* MICHEL ZALIO, 2021
- *Le Pari fou de Jules Janssen,* DANIEL GRÉVOZ, 2021
- *La Bataille du Cervin,* PIETRO CRIVELLARO, 2021

numérique
Impression & brochage - France
Numéro d'impression : N24132210798 - Achevé d'imprimer : Août 2021
Dépôt légal : Août 2021
IMPRIM'VERT®
PEFC 10-31-3532 / Certifié PEFC / Ce produit est issu de forêts gérées durablement et de sources contrôlées. / pefc-france.org